无公害经济作物种植技术

编著　王建书　徐关印　崔改泵

中国社会出版社

图书在版编目（CIP）数据

无公害经济作物种植技术/王建书，徐关印，崔改泵编著.
—北京：中国社会出版社，2010.1

ISBN 978—7—5087—3027—1

Ⅰ.①无… Ⅱ.①王…②徐…③崔… Ⅲ.①经济作物—栽培—无污染技术 Ⅳ.①S56

中国版本图书馆 CIP 数据核字（2009）第 238903 号

书　　名：无公害经济作物种植技术
编　　著：王建书　徐关印　崔改泵
责任编辑：夏丽莉

出版发行：中国社会出版社　　邮政编码：100032
通联方法：北京市西城区二龙路甲 33 号新龙大厦
电话：（010）66080300　　（010）66083600
（010）66085300　　（010）66063678
邮购部：（010）66060275　电传：（010）66051713
网　　址：www.shcbs.com.cn
经　　销：各地新华书店

印刷装订：中国电影出版社印刷厂
开　　本：140mm×203mm　1/32
印　　张：6.125
字　　数：131 千字
版　　次：2010 年 3 月第 1 版
印　　次：2014 年 3 月第 3 次印刷
定　　价：12.00 元

前　　言

随着生活水平的提高，人们对食品营养及食品安全的意识日益增强，农作物产品的安全性越来越受到重视。生产无公害的农作物产品，保证食品安全，是摆在我们面前的一项紧迫而长期的任务。

近年来，随着我国科技及工农业生产的迅速发展，工业“三废”、城市垃圾、生活污水等对农作物的生产环境污染日趋严重，农作物生产过程中农药和化肥等的不合理施用，使农作物产品质量下降，有害物质含量增加，对消费者的安全构成威胁。因此普及和推广无公害农作物种植，对于保护和改善生态环境，满足人们对食品营养和食用安全性的要求有重要意义。

随着社会主义新农村建设的推进和农业结构的调整，我国广大农村农产品的安全生产越来越受到消费者的关注。发展安全农产品的生产是增加农产品的附加值和农民致富的有效途径。

为了满足农产品无公害生产的实际需要，我们编写了《无公害经济作物种植技术》一书。主要内容包括大豆、油菜、花生、甘薯、马铃薯、棉花、向日葵等 10 种经济作物的无公害种植技术，一般从基地选择、品种选用、种子处理、播种、幼苗及田间管理、收获、贮藏等方面进行介绍，内容详细、具体、可操作性强。本书既可作为生产一线专业农民的培训教材，也可作为从事农作物生产的技术人员、管理人员的学习参考用书。

由于时间仓促、水平有限，书中难免有不妥之处，敬请广大读者批评指正。

在本书的编写过程中，参阅了大量的文献资料，在此对所有的原作者表示诚挚的感谢！

编　者

2009.7

目　　录

第一章　无公害经济作物的种植技术

第一节　无公害经济作物的种植基地选择

一、产地环境质量要求

良好的生态环境和安全无污染的生产过程是生产无公害农作物产品的基本保证。无公害农作物产品生产的目的是既要合理利用和保护自然资源，努力提高农业生产系统的自我维持能力，又要生产出数量足、质量优的经济作物产品，满足人们健康生活的需要。对无公害农作物产品生产基地环境的要求主要包括以下三个方面：

（一）景观条件

距离高速公路、国道、干道 1000 米以上，距地方主要干道 500m 以上。附近 2000m 以内没有医院及生活污染源，1000m 以内没有工矿企业。平原农区禁用地上水源灌溉，地下水源灌溉取水层深度大于 50m。山地农区上游没有工矿企业等污染源的可用地上水，环境质量符合国家土壤、水质、空气质量标准，一年内没有存放过有毒有害农药、除草剂、调节剂、激素等危险物。

（二）应选择在作物的主产区、高产区和优异独特的生态区。

（三）要求土壤肥沃、排灌方便、旱涝保收。

二、基地环境质量评价标准

（一）水质标准

目前我国现行的农田灌溉水质标准是为了防止农作物污染而允许的最低灌溉用水水质标准，其制定的科学依据是保证农作物在长期和短期接触情况下能正常生长，不发生急性或慢性伤害。但由于有的农作物对一些污染物的忍受能力比较强，受污染后虽能正常生长，但其体内（果实）污染物含量却已超过了食品卫生标准，显然，它不适应于无公害农作物产品基地灌溉水质的评价，因此农业行业标准 NY/T 391—2000 特制定“农田灌溉水中各项污染物的浓度限值”指标作为基地水质评价标准。

（二）土壤标准

近几年，环境质量评价过程中土壤重金属的评价标准大多采用土壤背景值，或监测对照点作为评价标准。但是我国幅员辽阔，各地土壤中重金属的背景值各不相同，高低相差数倍或十余倍之多。原生环境污染会导致当地某些农作物中某些元素含量难以达到无公害农作物产品质量和卫生标准，安全系数相对较小，因此，无公害农作物产品土壤标准以 NY/T 391—2000 中“土壤中各项污染物的含量限值指标”为基础而制定，作为基地土壤质量评价标准。

（三）大气标准

现行的“保护农作物的大气污染物最高允许浓度”制定依

据是在长期和短期接触情况下，保证各类农作物正常生长，不发生急、慢性伤害的空气质量要求。按照这一标准，敏感作物、中等敏感作物和抗性作物对二氧化硫浓度限值仅分别相当于环境空气质量标准中的二级标准，甚至宽于三级标准，显然用这样一个保护农作物的最低大气标准作为无公害农产品的大气环境质量标准过于宽松，因此，可根据二氧化硫、氮氧化物、氟化物各自对农作物的毒性大小，选取 NY/T 391—2000 中“环境空气质量要求”为标准级标准为基础而制定，作为基地大气质量评价标准。

第二节　无公害农作物生产的施肥技术

一、肥料的选择

（一）允许使用的肥料种类

1. 有机肥

（1）堆肥：以各类秸秆、落叶、柴草等为主要原料并与人畜粪便和适量泥土混合堆制，经好气性微生物分解而成的一类有机肥。

（2）沤肥：所用物料与堆肥基本相同，只是在淹水条件下经微生物嫌气发酵而成的一类有机肥。

（3）人粪尿：腐熟的人的粪便和尿的混合物。

（4）厩肥：以猪、马、牛、羊等家畜和鸡、鸭、鹅等家禽的粪尿为主，与秸秆、泥土等垫料堆积并经微生物发酵而成的一类有机肥料。

（5）沼气肥：制取沼气的副产物，是有机物料在沼气池密闭环境条件下，经微生物发酵而成。

(6) 绿肥：以新鲜植物体就地或异地翻压，或经堆沤而成的肥料，主要分为豆科绿肥和非豆科绿肥两大类。

(7) 作物秸秆肥：以麦秸、稻草、玉米秸、豆秸、油菜秸等直接还田作为肥料。

(8) 饼肥：由油料作物籽实榨油后剩下的残渣制成的肥料，如菜籽饼、棉籽饼、豆饼、花生饼、芝麻饼、蓖麻饼等。

(9) 腐殖酸类肥料：以含有腐殖酸类物质的泥炭、褐煤、风化煤等经过加工制成的含有植物营养成分的肥料。

(10) 蚯蚓粪肥：人工利用秸秆、树叶等饲养蚯蚓的转化物。

2. 化肥

(1) 氮肥类：有碳酸氢铵、尿素、硫酸铵等。

(2) 磷肥类：有过磷酸钙、磷矿粉、钙镁磷肥等。

(3) 钾肥类：有硫酸钾、氯化钾等。

(4) 复合（混合）肥料：磷酸一铵、磷酸二铵、磷酸二氢钾、氮磷钾复合肥、配方肥料类。

(5) 微肥类：有硫酸锌、硫酸锰、硫酸铜、硫酸亚铁、硼砂、钼酸铵等。

3. 微生物肥料

以特定微生物菌种培育生产的含有活有益微生物的制剂，其活菌含量要符合标准。根据其对植物营养元素的不同，可分为五类：根瘤菌肥料、固氮菌肥料、磷肥菌肥料、硅酸盐细菌肥料；复合微生物肥料。质量要符合 NY227 要求。

（二）因地制宜选择肥料

根据水地土壤结构、类型特点、作物种类，选择适宜的肥料，以改善土壤条件，提高肥料利用率。

二、施肥原则与技术

（一）施肥原则

1. 有机肥与化肥合理配合施用

这是培肥地力、提高肥效、增加产量和降低成本的重要措施。如果连年单独使用超过一定数量的化肥，会导致土壤中有机质含量下降，土壤板结，肥力下降，而有机肥能增加土壤中有机质含量，改善土壤理化特性，且有机肥肥效稳、长，与化肥相互弥补。

2. 氮、磷、钾等肥料合理配合

作物对各种营养元素的需要量虽然有多有少，但对作物生育的作用是等同的，而且相互之间也是不可代替的，所以作物施肥应注意各元素的配合施用。

3. 施肥与农业技术相配合

因为施肥是解决营养问题，营养仅是各种作物的生长条件之一，所以施肥必须与其他栽培措施协调配合，如施肥与耕作、施肥与灌溉、施肥与作物轮作倒茬相配合，能有效提高施肥效果，发挥施肥与其他栽培措施的综合作用。

总之，无公害农产品施肥应以有机肥为主，化肥为辅，允许有条件地限量使用化肥，必须根据农作物需肥规律，土壤供肥特性和肥料效应，实行平衡施肥，最大限度保持农田养分平衡和土壤肥力的提高，减少肥料成分的过分流失对农作物产品和环境造成的污染。

（二）施肥技术

1. 重施基肥

基肥通称底肥，也就是结合秋翻和春耕整地所进行的施肥，其目的和作用是：一是为作物整个生育期提供基本营养，打好养分供应基础；二是有利于培肥地力，改良土壤，为作物的生育创造良好的土壤环境。基肥以有机肥为主，适当加入速效化肥，以满足作物前期生育需要。有条件的地方最好将所有肥料作基肥一次性施入。

2. 少施种肥

种肥即随播种时施的肥，它是在基肥不足时的一种补充。种肥一般是速效肥，用量少，以氮、磷、钾配合较好。

3. 适量追肥

追肥是指出苗后，生育过程中结合各生育时期的生育特点给作物进行施肥。是在基肥、种肥的基础上，以满足作物生育中期、需肥最多和养分最大效率期的养分需要为主，同时兼顾生育后期对养分的需要。根据作物对养分的要求、生育状况、土壤特性、气象条件及肥效持续期长短等因素，将计划施用的全部追肥量，酌情分作几次追施，以便有节奏地促进向着高产长相协调生长。在施肥技术上，要将肥料施入根系较易吸收的层次和部位，并加以覆盖，以利作物吸收和防止挥发、流失。施肥应与灌溉相结合。造成水、肥、气的协调，才能有利于提高肥效。在作物生育后期也可采用根外追肥。

第三节　无公害农作物生产的农药使用技术

一、农药使用原则

防治农作物病虫害时，应贯彻“预防为主，综合防治”

的方针，以农业防治为基础，尽量应用生物、物理、生态防治等有效的非化学防治手段。必须使用化学农药时，要采用高效低毒的化学农药，严格执行GB4285农药安全使用标准和GB8321.1及GB8321.5“农药合理使用准则1—5”，不得超出其使用范围，农产品农药残留要符合国家有关卫生标准的规定。

二、农药使用技术

（一）对症选用农药

农作物害虫及杂草种类繁多，农药品种也越来越多，有害生物对农药的反应各不相同，对症用药或针对防治对象而选准农药十分重要。

（二）适时、适量施用农药

对不同有害生物应有不同的防治时期，不同的农药具有不同的性能，防治时期也不一样，因此，确定最佳防治时间，必须对农药、防治对象和环境条件三者综合考虑，才能充分发挥应有药效。

用药量要适宜，过高不仅造成浪费，而且会造成环境污染，甚至产生人畜中毒，用药量太低又影响防治效果。在作物生产中应严格按照各农药品种的指定用量，不得随意增减。

（三）采用正确的施药方法

施药方法正确，不仅可充分发挥农药的防效，而且能避免或减少对害虫天敌的杀伤、作物的药害及农药残留等不良作用。近年来，农药品种在不断增加，在选用农药时，应掌握农药品种特性、剂量和使用方法，并根据防治对象的生物学特性和发生危害特点以及植株长势和气候特点等综合因素，灵活运用可选择的正确方法。如：用喷雾、喷粉、撒施、浇灌、熏蒸等方法进行综合防治，提高防治效果。

（四）轮换使用农药

连续长期使用一种农药，容易使有害生物产生抗药性，特别是一些菊酯类杀虫剂和内吸性杀菌剂，连续使用数年，防治效果会显著降低。轮换使用不同作用机理的农药，还可减缓有害生物产生抗药性，充分发挥农药药效。

（五）合理混用农药

合理复配和混用农药，可提高防治效果，扩大防治对象，延缓有害生物抗药性，延长传统品种使用年限，降低防治成本，有利于发挥现有药剂的作用。现在农药混用的主要类型有杀虫剂加增效剂、杀虫剂加杀虫剂、杀虫剂加杀菌剂、除草剂加除草剂等。但农药混用并不是任意组合，不可盲目搞“二合一、三合一”。

（六）安全使用农药

禁止使用高毒高残留农药品种，提倡使用微生物源杀虫、杀菌剂；提倡使用植物源杀虫剂；提倡使用昆虫生长调节剂以及矿物源杀虫剂、杀菌剂等低毒高效农药。严格执行农药使用安全间隔期规定。

第四节　无公害农作物生产病虫草害的综合防治

无公害农作物生产的病虫草害综合防治技术，实行预防为主、综合防治的方针，以生物防治、农业防治、物理防治为重点，通过开展病虫害的预测预报，做到对病虫害治早、治准、用药量少、防治效果好。

一、大力推广生物防治技术

（一）要保护和利用好害虫天敌

如青蛙、草蛉、蜘蛛、瓢虫、寄生蜂等，稻田放鸭、茶园养鸡等也可以防治农作物害虫。

（二）推广应用微生物农药防治害虫

特别是在茶叶、蔬菜、水果等可直接入口的农作物生产中大力推广生物农药，如用苏云金杆菌、颗粒体病毒、多角体病毒、杀螟杆菌、青虫菌、白僵菌等微生物农药防治农作物害虫；用井冈霉素、农抗120等农用抗生素防治农作物病害。

二、积极应用农业措施防治农作物病虫害

实行农作物的轮作倒茬制度，间作套种制度，控制和减少病虫草害的发生，调整作物的播种期，避开作物病虫发生的高峰期；适度放宽病虫害防治指标，不可见虫就治，除虫务净。适当保留少数害虫，可以为有益天敌提供一些食料，有利于天敌的繁衍，面对作物整体也不会造成危害。其实，害虫少量地吃掉一部分花蕾、幼果、枝条，如同疏花、疏果、剪枝一样，不仅无害，而且可能是有益的。

三、利用物理措施消灭害虫

昆虫对外界的刺激会表现出一定的趋避反应，利用这一点可以集中消灭它们，减少虫源。一是可以利用害虫的趋光性进

行灯光诱杀，如黑光灯能杀300多种害虫，而且被诱杀的多为成虫，有利于压低虫口密度。高压汞灯也是诱杀害虫的一项有效措施。二是潜所诱杀。有些害虫有选择特定潜伏条件的习性，可以创造针对性的潜所诱其进入捕杀。例如用杨树枝进行捕杀是一项成功有效的方法。三是食饵诱杀。用害虫特别喜食的食物做诱饵，引其集中采食而进行消灭。如用糖、醋诱蛾，用猪肉、臭鱼诱集害虫，用马粪、麦麸诱集蝼蛄等都是成功的事例。四是黄板诱杀，即在长40cm、宽30cm的纸板上涂橙黄广告色或贴橙黄纸，外包塑料薄膜，在薄膜外涂上废机油诱杀成虫。五是高温灭菌，这种方法可以用来杀灭大棚内农作物的病原菌。霜霉病病原菌分生孢子在30℃以上时活动缓慢，42℃以上时停止活动而逐渐死亡。如日光温室塑料大棚通常是在密闭条件下形成高温来达到杀灭病原菌的目的。

四、有限度地使用化学农药

在生物防治、农业防治、物理防治措施使用后，仍然不能控制病虫危害，可以有限度地使用高效、低毒、低残留农药，但要限定农药品种和用药量，而且要严格执行农药安全间隔期，严禁使用国家已公布禁用的农药品种。除草剂注意使用残留量低的高效品种，确保对下茬和当季农作物生产没有影响，确保无公害农作物产品质量。

第二章　无公害农作物产品的质量标准与评价

第一节　无公害农作物产品的质量标准

一、安全质量标准

安全质量主要是根据国家无公害农作物产品卫生标准的要求，严格控制农作物产品中的有害重金属和农药残留量。重金属中铜、锌、汞、镉、钴、铅、砷和农田中常用六六六、滴滴涕是必检项目。农作物产品中有害物质残留量的测定应以国家指定的测试部门测定的数据为准。

二、产品质量标准

无公害农产品除了要达到无污染指标外，还要根据农作物种类、品种、籽粒大小、加工程度分出粮食产品等级，外观要洁净，包装材料要符合清洁、无毒、无异味要求，包装袋要设计精美。另外，还要注意在贮藏、运输和销售过程中不能造成二次污染。

第二节 无公害农作物产品的加工

一、无公害农作物产品加工的基本原则

无公害农作物产品作为农产品的一个特殊类别，对产品质量有着特殊要求：即安全、优质、营养、无污染。生产加工方式则必须遵循有机生产方式，做到节约能源、持续发展、清洁生产。因此，无公害农作物产品加工则应做到：

（一）遵循可持续发展原则，节约能源，综合利用原料

以大豆为例，制成豆腐后的豆渣可做为优质饲料，榨油后的豆饼可做为优质肥料。

（二）保存农作物产品的天然营养特性

必须采取一系列特殊加工工艺防止或尽量减少加工过程中营养物质的流失、氧化、降解，最大限度地保留其营养价值。

（三）加工过程中严格控制可能的污染源

如加工原料必须是经过国家无公害农作物产品管理部门认证的无公害农作物产品。加工企业必须经认证人员考察，地理位置适合，建筑布局合理，具有完善的供排系统、良好的卫生条件、严格的管理系统，以保证生产中免受环境污染。加工设备选用对人体无害的材料制成，尤其与农作物产品直接接触部位，必须对人体无害。加工工艺必须合理，避免加工中交叉污染。防止使用对人体有害的贮藏方法及容器，保持产品贮藏运输后的品质。

二、无公害农作物产品加工过程中的质量控制与技术要求

按照无公害农作物产品加工的基本原则，我们分别从企业、加工原料、工艺等方面对质量控制与技术进行探讨。

（一）对无公害农作物产品加工企业的要求

1. 对企业场地、车间的要求

对于新建、扩建、改建的加工企业在厂址选择时，除符合整个规范区域规划外，还应注意防止环境对企业的污染。企业厂地要远离重工业区和居民区，防止企业对居民区和环境的污染，满足企业需要的地理条件，如地势高燥、水源丰富、水质良好、土壤清洁、便于绿化、交通方便等。对建筑设计卫生要求，做到通风、换气、照明、污水、垃圾和废弃物排放处理等设备齐全。

2. 对无公害加工企业设备要求

一般来讲不锈钢、尼龙、玻璃、食品加工专用塑料等材料制造的设备都可用于无公害农作物产品加工。农作物产品加工业中利用金属制造加工用具的品种日益增多，国家允许铁、不锈钢、铜等金属可以应用。铜、铁制品毒性极小，但易被酸、碱、盐等食品腐蚀，且易生锈。应合理使用铜、铁制品，并遵照执行不锈钢食品卫生标准与管理办法。

3. 对无公害农作物产品加工企业人员要求

必须进行至少每年一次的健康体检，接触农产品的生产者必须体检合格才能从事该项工作。同时，企业生产及管理人员必须经过无公害农作物产品知识系统培训，对无公害农作物产品标准有一定的理解和掌握，才能从事无公害农作物产品加工生产。

（二）对无公害农作物产品加工原料的要求

现代先进的加工业对原料的质量提出了很高的要求。部分农作物产品加工企业已自觉地禁用被农药污染的原料及不符合基本技术品质要求的原料品种，企业已将原料质量作为其加工环节的第一车间。加工原料主要包括两方面：一是无公害农作物产品原料来源，主要是经过认证的无公害农作物产品生产基地生产的农作物产品，一般都要求用新鲜的原料，以保证其营养价值。二是原料的质量与技术要求，无公害农作物产品加工原料首先须具备适合人食用的食品级质量，不能对人的健康有任何危害。其次，因加工工艺的要求以及最终产品的不同，各类农产品对其原料的具体质量、技术指标要求也不同，但都以生产出的食品具有最好的品质为原则：如做面包用的专用面粉需要选择专用性较强的小麦品种。所以只有选择适合加工工艺品质的原料，才能保证无公害农作物加工产品的质量。

（三）对无公害农作物产品加工工艺的要求

无公害农作物产品加工工艺应采用农作物产品加工的先进工艺，最大限度地保留农作物产品的自然属性及营养，并避免农作物产品在加工中受到二次污染。采用先进工艺加工的农作物产品一般有较好的品质，如利用二氧化碳超临界萃取技术生产植物油，即可解决普通溶剂中有机溶剂残存的问题。无公害农作物产品加工还应注意农作物产品色、香、味的保持，尽量避免破坏固有营养和风味。如粮谷类中营养物质（蛋白质、脂类、碳水化合物、矿物质、维生素）在籽粒中分布很不均匀，粮食在加工研磨时将丢失部分营养物质，其丢失量往往随加工精度增加而增加，当小麦的出粉率由85％递降至80％～70％

时，硫胺素的损失率相应由11%递增至37%～80%。粮谷加工如过分粗糙，虽然营养物质丢失较少，但感观性状差，消化吸收率亦相应下降。因此，粮谷加工工艺的最佳标准应为能保持最好的感观性状，最高的消化吸收率，同时又能最大限度地保留各种营养成分。一些农作物产品加工工艺中与无公害农作物产品加工原则相抵触的环节，必须进行改进。如粉丝生产中必须加入明矾增稠、稳定，才能使粉丝成型，但早在1989年，世界卫生组织就已将铝确定为食品中有害元素加以控制，并认为铝是人体中不需要的金属元素。因此粉丝生产工艺中，明矾的问题不解决，就不可能通过无公害农作物产品认证。因此，无公害农作物产品加工必须针对自身特点，采用合适的新技术、新工艺，提高无公害农作物产品品质及加工率。

第三节 无公害农作物产品的贮运

无公害农作物产品的贮运是市场经济的客观需要，也是农作物产品流通的重要环节，只要农作物产品不是直接从生产领域进入到消费者手中，那么它就必然要经过贮运这一阶段。因此，在贮运过程中必须保证农作物产品安全、无污染，完好地到达消费者手中。

一、无公害农作物产品运输

无公害农作物产品运输除要符合国家对农作物产品运输的有关要求外，还要遵循以下原则和要求：

1. 必须根据产品的类别、特点、包装要求、贮藏要求、运输距离及季节不同等采用不同的手段。

2. 在装运过程中所用工具必须洁净卫生，不能对无公害农作物产品引入污染物。

3. 无公害农作物产品禁止和农药、化肥及其他化学制品等一起运输。

4. 在运输过程中，无公害农作物产品要单独放在一起，单独运输。

二、无公害农作物产品的贮藏

依据贮藏原理和农作物产品贮藏性能，选择适当的贮藏方法和较好的贮藏技术。在贮藏期内要通过科学地管理，最大限度保持农作物产品的原有品质，不带来二次污染，降低损耗，节省费用，促进农作物产品流通，更好地满足人们对无公害农作物产品的需求。无公害农作物产品的贮藏须遵循以下原则和要求：

1. 贮藏环境必须洁净卫生，不能对无公害农作物产品引入污染物。

2. 选择的贮藏方法不能使无公害农作物产品品质发生变化。

3. 在贮藏中，无公害农作物产品不能与非无公害农作物产品混堆贮存。

三、几种常用贮藏技术

（一）农作物产品低温贮藏

低温贮藏是指在低于 15℃ 的环境中贮藏农作物产品的方法。由于低温贮藏能延缓微生物的繁殖活动，抑制酶的活性和减弱农作物产品生化变化，因而能够在贮藏期内较好地保持农作物产品原有的新鲜度、风味品质和营养价值。

（二）农作物产品气调贮藏

气调贮藏是一种调节和控制环境气体成分的贮藏方法，其基本原理是在适宜的低温下，改变贮藏库或包装容器中正常空气的组成，降低氧气的含量，增加二氧化碳的含量，以减弱鲜活食品的呼吸强度，抑制微生物的生长繁殖和农作物产品中化学成分的变化，从而达到延长贮藏期和提高贮藏效果的目的。

（三）化学贮藏

指在生产和贮藏过程中，添加某种对人体无害的化学物质，增强农作物产品的贮藏性能和保持农作物产品品质的方法。按化学贮藏剂的贮藏原理不同，可分为三类，防腐剂、杀菌剂和抗氧化剂，农作物产品化学贮藏的卫生安全是人们最为关注的问题，因此，生产和选用化学贮藏剂时，首先必须符合农作物产品添加剂标准。

（四）农作物产品干燥贮藏

从农作物产品中除去一定数量的水分称为干燥或脱水。农作物产品的干燥或脱水称为干制，经过干制的农作物产品称为干燥农作物产品或干制农作物产品。农作物产品经干燥脱水后，不易腐败变质，延长了贮藏期，而且由于体积与重量显著减少而便于运输。

第三章　无公害大豆的种植

第一节　产地环境、地块选择和整地

一、产地环境

距离高速公路、国道、干道 1000 米以上，距地方主要干道 500m 以上。附近 2000m 以内没有医院及生活污染源，1000m 以内没有工矿企业。符合 NY/T 391—2000 中“农田灌溉水中各项污染物的浓度限值指标”水质评价标准、NY/T 391—2000 中“土壤中各项污染物的含量限值指标”和 NY/T 391—2000 中“环境空气质量要求”。

二、地块选择

（一）对前茬的要求

要选择玉米、小麦为前茬的地块（但玉米茬口最好二年以上未种玉米，否则玉米封闭药对大豆有害）。大豆不能重茬种植，大豆重茬易出现大豆茎干枯，易感染病害，从而降低产量，影响品质。

（二）大豆重茬减产的原因

重茬（指连作）种植，易出现大豆茎叶早枯、产量降低、品质变劣。一般情况下，重茬大豆比正茬大豆要减少 20%～30%，高的达 50%。土壤肥力高，减产幅度小；土壤肥力低，减产幅度大；特别是干旱低肥地区减产更为严重。大豆重茬减产的主要原因是：

1. 病虫草害严重

重茬地块的土壤中，危害大豆的病菌多，害虫基数高，伴生杂草、寄生杂草感染严重。如大豆菌核病、灰斑病、孢囊线虫病、大豆食心虫等；伴生杂草苍耳、寄生杂草兔丝子等都会随重茬而加重对大豆的危害。

2. 养分单一消耗

在同一地块上连年种植大豆，由于过度消耗某种养分，破坏养分平衡，特别是土壤有效磷含量偏少，而影响其生长发育。

3. 根系分泌物的毒害作用

大豆生育期间，根系分泌某种酸性物质，与土壤反应形成有毒物质，如亚铁盐类，使根系发育不良，根瘤数量减少，固氮能力下降，植株生长受到抑制，导致减产。另外，由于根系分泌物和植株残体腐解物的影响，土壤微生物种群数量上有很大变化，重茬大豆地镰刀菌占优势，可侵染豆根，导致根腐病，影响大豆生育。

（三）合理轮作

当前，黑龙江省主要轮作方式：豆麦产区实行三区轮作：小麦—小麦—大豆；小麦—大豆—谷子；大豆—谷子—玉米；中部、中南部地区实行四区轮作：大豆—杂粮—小麦—玉米；大豆—小麦—玉米—杂粮；小麦—大豆—谷子—玉米；玉米—玉米—大豆—谷子；马铃薯—小麦—大豆—谷子。大豆最多不应超过粮豆薯旱作作物的1/3。

（四）大豆对土壤条件要求

无公害栽培地块要求做到土壤耕层深厚、地势平坦、排灌方便、土壤结构适宜、理化性状良好、土质肥沃、土壤质地为壤土，具有良好的保水保肥能力。土壤有机质含量在10g/kg以上，碱解氮含量40mg/kg以上，速效磷含量15mg/kg以上，速效钾含量80mg/kg以上，土壤pH7.0左右，土壤盐分含量低于2g/kg，土壤中矿质营养种类齐全，数量多。

三、整地

大豆生产常用深松、平翻、耙茬（旋耕）、起垄相结合的土壤耕作方法。

（一）平播大豆的土壤耕作

无深耕基础的地块，要进行伏翻或秋翻，翻地深度18～22cm，翻地后应随即耙地。有深翻基础的麦茬，要进行伏耙茬；玉米茬要进行秋耙茬，拾净玉米茬子，耙深12～15cm，要耙平、耙细。春整地时，因春风大，易失墒，应尽量做到耙、耢、播种、镇压连续作业。

（二）垄播大豆的土壤耕作

麦茬伏翻后起垄，或搅麦茬起垄，垄向要直。搅麦茬起垄前灭茬，伏翻深度12～15cm，然后起垄、培土。玉米茬春整地时，实行顶浆扣垄并镇压。有深翻基础的玉米茬，早春拾净茬子，耙平达到播种状态。

（三）三垄栽培法

指的是垄底深松，垄体分层施肥，垄上双行精量点播。这种方法采用垄体、垄沟分期间隔深松，即垄底松土深度为耕层下 8～12cm，苗间垄沟深松 10～15cm，垄底、垄沟深松宽度 10～15cm。在垄体深松的同时，进行分层深施肥。当耕层为 22cm 以上时，底肥施在 15～20cm；耕层为 20 时，底肥施在 13～16cm。

三垄栽培法具有防寒、增温、储水、防涝、抗旱保墒、提高肥效、节省用种等优点，增产效果显著。大豆对土壤有机质含量反映敏感，种植大豆前，土壤耕整地时应施用有机肥。每 667m^2 施用优质有机肥数量 2500～3500kg，同时配合一定数量的化肥，如硫酸铵 15～20kg，过磷酸钙 60～80kg，硫酸钾 10～15kg，可基本保证土壤有机质含量不下降，各种营养元素能满足供应。

第二节　品种选择、种子处理和播种

一、大豆的类型

（一）大豆的结荚习性

根据大豆的结荚习性一般可将大豆分为无限、有限和亚有限三种类型。

1. 无限结荚习性的大豆茎秆尖削，始花期早，开花期长，主茎中、下部的叶腋首先分化开花，然后向上依次陆续分化开花。始花后茎陆续伸长，叶陆续产生。如环境条件适宜，茎可生长很高。主茎与分枝顶部叶小，着荚分散。基部荚不多，顶端只有 1～2 个小荚，多数荚在中下部。

2. 有限结荚习性的大豆一般始花期较晚，当主茎生长高度接近成株高度前后，才在茎的中上部开始开花，然后向上、向下逐节开花，花期集中，当主茎顶端出现一簇花后，茎的生长终结，这类大豆营养生长和生殖生长并进时间较短。

3. 亚有限结荚习性大豆介于上述两者之间，偏于无限习性，主茎发达，一般南方有限结荚习性的品种较多。

（二）大豆的栽培类型

依据播种期可分为：

1. 春大豆型：北方春大豆于 4～5 月播种，9 月份成熟；黄淮海春大豆在 4 月下旬至 5 月初播种，8 月末至 9 月初成熟；长江春大豆在 3 月底至 4 月初播种，7 月间成熟，南方夏大豆型在 2 月至 3 月上旬播种，多于 6 月中旬成熟。

2. 黄淮海夏大豆型：于麦收后 6 月间播种，9 月至 10 月间成熟。

3. 南方夏大豆型：一般在 5～6 月初麦收或其他冬播作物收获后播种，9 月底至 10 月成熟。

4. 秋大豆型：7 月底至 8 月初播种，11 月上旬成熟。

二、品种选择

（一）品种选择的原则

在品种的选用上，应考虑大豆的生育期、结荚习性、百粒重、抗病虫特性等生态性状。

1. 生育期

北方春大豆区一般要求初霜前 3～5 天成熟，由北向南大豆品种的生育期为 85～140 天。黄淮海夏大豆区一年二熟制宜选用生育期 100 天左右的早熟或中早熟夏大豆品种；二年三熟制宜选用生育期 120 天左右的晚熟夏大豆品种。南方大豆区，春大豆选用生育期 100～110 天的中熟品种或95～100 天的早熟品种，夏大豆可选用生育期 110～125 天的中早熟或中晚熟品种，秋大豆宜选用 90～115 天的中早熟或晚熟品种，冬大豆可根据茬口安排，选择适宜的品种。

2. 结荚习性

不同结荚习性的大豆品种对土壤肥力等耕作栽培条件的适应能力不同。有限结荚习性的品种适合多雨、土壤肥沃的地区种植。无限结荚习性品种对肥、水条件要求不严，即使在瘠薄的土壤上仍有一定产量。亚有限结荚习性品种中，株高中等、主茎发达的品种，适合在较肥沃土地上种植；植株高大繁茂性强的品种则适于瘠薄地种植。我国北方大豆区大豆品种以无限结荚习性为主，亦有有限和亚有限结荚习性品种，黄淮海和南方大豆区多种植有限结荚习性品种。

3. 粒形和百粒重

大豆品种的粒形和粒大小对外界条件适应能力亦不同。圆形、大粒的种子要求水肥充足的条件，卵圆、长卵圆、小粒种子则能适应不良的环境条件。

4. 病虫害

我国各地大豆主要病虫害有：病毒病、孢囊线虫病、锈病、灰斑病、霜霉病、细菌性斑点病、根腐病、菌核病、食心虫、豆荚螟、豆潜蝇、豆天蛾、斜纹夜蛾等。各地大豆病虫害种类不同，应选用抗当地病虫害的品种。在选用大豆品种时，除考虑上述性状外，还要适应耕作栽培条件的改进与提高。如大豆机械化栽培地区，应选用植株高大，主茎发达，秆强不倒，株型紧凑，结荚部位高，不易烂荚的品种，以利于机械收割和脱粒。

（二）常用品种简介

1. 徐豆10号是早熟夏大豆型，抗病、抗倒性强，适宜一年两熟制地区种植。

2. 嫩丰15号抗灰斑病和孢囊线虫病。

3. 8157大豆王适宜肥沃地种植。

4. 开育10适宜平肥地种植。

5. 改良开育10适宜沙地、山地种植。

6. 早熟豆种97—1抗倒伏。

三、种子处理

种子播种前要进行精选，用大豆选种机或人工挑选，剔除病粒、残粒、虫蛀粒及杂粒，净度达到99%，纯度达到98%，发芽率达到95%，种子含水量13%，使种子质量达到分级标准二级以上。

（一）根瘤菌拌种

用根瘤菌拌种是一项具有明显增产效果的技术。按每公顷用种量拌750毫升菌剂，在避光条件下均匀拌种。拌种后不能混用杀菌剂，阴干后35小时内播种。

（二）钼酸铵拌种

微肥拌种应以土壤化验结果为依据，土壤有效钼含量小于0.15mg/kg时，每千克种子用0.5克钼酸铵，溶于20毫升水中，然后洒在大豆种子上混拌均匀，阴干后播种。

四、播种

（一）确定播种期

大豆播种期应依气候、品种、土质和土壤墒情等因地制宜加以确定。一般在土壤5cm深处，温度稳定通过8℃时为播种适宜期。

不同栽培类型大豆的播种期差异很大，但都应在适宜播种期内力争早播。地温和土壤水分是决定春大豆适宜播种期的两个主要因素，一般认为北方春大豆区土壤5～10cm厚的土层内日平均地温8℃～10℃，土壤含水量20%左右时，播种较为适宜。所以，东北地区春大豆的适宜播种期在4月下旬至5月中旬。黄淮海和南方大豆区的夏播与秋播大豆，由于生长季节较短，力争适期早播。一般黄淮海夏大豆区大豆6月中下旬播种，南方夏播大豆5月下旬至6月上旬播种，秋播大豆7月中旬至8月上旬播种，冬大豆12月下旬至翌年1月上旬播种。

此外，旱年，播期提前；涝年，播期拖后。播种顺序一般先播岗地，后播平地、先播阳坡，后播阴坡；先播晚熟品种，后播早熟品种；先播种子田，再播高产田，最后播一般田。总之，以不受晚霜的冻害为度，充分利用无霜期的有效积温，适时早播，缩短播期，一次播种保全苗。

（二）确定种植密度

大豆合理种植既要考虑到群体产量高，又要考虑到个体生育好，协调群体与个体之间的矛盾，充分利用光能、地力。

1. 品种特性与密度

早熟品种，独秆型品种，披针形叶的品种，株型收敛、繁茂性差，宜密植；反之，晚熟品种，分枝型品种，卵形叶的品种和分枝或叶张开角度大的品种，个体所需空间大，宜稀植。

2. 土壤肥力与密度

在贫瘠的土壤条件下，个体生长量小，稀植不利保墒封垄，地力、光能利用率低，产量低。土壤肥沃，密度过大，个体生育过于繁茂，群体内光照不足，徒长倒伏，落花落荚，产量也不高，因此，肥地宜稀，薄地宜密。

3. 生产条件与密度

肥水条件好，个体生育繁茂的，应适当稀一些；肥水条件差，个体生育缓慢，植株矮小的，应适当密一些；进行苗耙、化学除草等作业次数多的地块，密度应适当增大。

总之，各地条件不一，种植密度也不同。一般北部地区多以 30 万～40 万株/公顷，中南部地区 25 万～35 万株/公顷。穴播栽培大豆，群体内通透性好，个体生产力高，保苗 21 万～24 万株/公顷为宜。

总之，确定播种密度时，应考虑品种特性、土壤肥力、播种期、栽培条件等情况。一般生育期长、植株高大、长势繁茂的品种宜稀；分枝力强、分枝多、株型松散的品种宜稀；叶片大而圆的品种宜稀，反之则密。肥地应稀，瘦地宜密。早播应稀，晚播宜密。生产水平高、肥水充足应稀，反之宜密。

（三）播种方法

播种是大豆整个生育过程的基础环节，只有抓住这一环，才能发挥田间管理的更大作用，保证大豆丰产。大豆播种要做到一播全苗，首先要做到适期播种和提高播种质量。

大豆的播种方法以条播及穴播为主。具体播法有等行、宽窄行、窄行密植、60cm 双条播、等距穴播、精量点播、原垄播种、耧播等。以上播种方法适合于不同地区，均可采用机械播种。此外，播种深度力求一致，大致在 3～5cm。

第三节　田间管理

田间管理要根据大豆各生育阶段的不同特点、主攻目标，采取相应的促控措施，保证其正常的生长发育。

一、苗期管理

分为幼苗期管理和分枝期管理两个阶段。

（一）幼苗期管理

主攻目标是培育壮苗。主要栽培技术措施为：（1）查苗补苗　及早做好田间苗情调查，发现缺苗断垄地块及时采取补苗或补种措施。（2）间、定苗　春大豆区可在大豆子叶刚展开时至两片真叶期进行间苗，宜早不宜迟；夏大豆在第一片真叶出现时间苗较为适宜，一般是一次定苗。（3）中耕除草　间苗后及时中耕除草是促苗早发培育壮苗的重要措施。一般中耕一次，但遇雨或浇水后要及时中耕。整地播种的应浅中耕，以划破地皮破除板结为主，麦垄套种或铁茬播种的应深中耕，以松土灭茬为主。

（二）分枝期管理

主攻目标：在全苗、壮苗基础上，促进植株生长稳健，分枝多花芽分化多，为多开花、多结荚打好基础。栽培管理措施：（1）中耕培土　应多中耕勤中耕，结合中耕在大豆宽行内壅根培土，促进不定根形成，扩大根群，增强吸水、吸肥能力，防倒伏，防早衰。（2）稳施分枝肥　大豆分枝期，随着植株生长量加快，需要养分逐渐增多，现蕾期追施速效性氮肥是夺取大豆高产的重要措施。追肥时期以开花前 5～7 天为宜，追肥量根据土壤肥力状况和大豆长势确定。土壤瘠薄长势差的，每亩施尿素7.5～10kg，土壤水解氮80mg/kg以上，生长健壮、叶面积系数大的，则不必追施氮肥。幼苗期没有施磷肥的可施12.5～15kg磷肥。(3) 及时防治病虫害　此期容易发生的病虫害有蚜虫、豆秆蝇和红蜘蛛等，本着治早、治小、治了的原则进行综合防治。

二、花荚期管理

主攻目标：促进植株生长稳健，防倒伏，防早衰，增花保荚。栽培管理措施：

（一）浇水防旱

大豆花荚期是需水临界期，要求土壤含水量不低于田间最大持水量的75%，保证水分供应，减少花荚脱落。

（二）科学追肥

花荚期是需肥较多的时期。追肥既要保证养分的充足供应，又要防止养分过多引起的徒长。因此，在施过基肥或幼苗期、分枝期追有速效性化肥，植株生长壮而不旺的，不必再追肥，尤其是氮肥，只进行叶面喷肥。大豆花荚期叶面喷肥是减少花荚脱落、增加粒数和粒重的一项简便有效的增产措施。叶面喷肥以磷、钾、硼、钼等微肥为主。亩用量：尿素0.5～1kg，磷酸二氢钾150～300g，钼酸铵25g，硼砂75～100g，对水50～75kg，可单独喷洒或混合施用。如果植株生长较弱，可在盛花期前亩追施尿素2～3kg。

（三）防治病虫害

此期发生的虫害有豆天蛾、造桥虫、豆荚螟和食心虫，应及时防治。

三、鼓粒成熟期管理

此期管理的主要任务是以水调肥、养根护叶不早衰。主攻目标：粒多、粒饱。主要管理措施：

（一）合理灌排、抗旱防涝

此期仍需要大量的水分，鼓粒前期要求土壤含水量保持田间最大持水量的70%左右，低于此含水量就要及时浇水，防止秕荚、秕粒增多，在抗旱的同时注意防涝工作。

（二）补施鼓粒肥

鼓粒前期有脱肥早衰的田块要及时补施鼓粒肥，早衰严重的要亩施尿素2～3kg，进行叶面喷肥。

（三）防治虫害

继续防治豆天蛾、造桥虫，对大龄虫要进行人工捕捉。

第四节　夏播大豆生育特点和栽培要点

一、夏播大豆生育特点

夏大豆与春大豆比较，在生长发育上明显存在着“三短一中”的特点，即生育期短、营养生长期短、成熟时间短和花期集中。一般夏大豆生育日数为90～100天，苗期短，花期早，出苗后25～30天大部分即可开花。夏大豆高产的关键是力争延长生育日数，促苗早发，控制无效花形成，促进早熟。

二、栽培技术要点以促为主，突出一个“早”字

（一）选用早熟良种

夏播大豆要求选取能耐旱出苗、高产稳产的品种。目前推广的夏大豆新品种有早熟3号、17号，诱变4号、31号，中黄2号、4号，科丰6号，中豆8号，巨丰大豆等。

（二）提早做好播前准备

夏播大豆没有充分时间整地施肥，应在前茬农作物收获前多施一些肥，多灌一些水，做到“一肥两用”、“一水两用”，为大豆出苗、保苗创造良好条件。耙地灭茬是提高播种质量，达到苗全、苗壮的重要措施，力争灭茬浅耕播种。做好播前种子准备，要求种子发芽率85%以上。

（三）抢墒造墒，力争早播

夏播无早，越早越好，早播是夏大豆栽培极其重要的一环。

（四）早中耕、施肥

加强田间管理，花期追施氮肥增产效果十分显著。

（五）密植

一般夏大豆密度要高于春播大豆，亩保苗1.4万～2.5万株，宽窄行种植。

第五节　病虫草害综合防治

一、病害及防治

（一）根腐病

通过种子处理，用25%的适乐时悬浮种衣剂按种子重量

的0.2%～0.4%进行种子包衣防治。

（二）霜霉病

用58%雷米多锰锌可湿性粉剂500倍或72%杜邦克露可湿粉800倍，65%的代森锰锌可湿粉500倍喷雾防治1～2次。

（三）大豆灰斑病

发病初期用50%的多菌灵可湿性粉剂500～1000倍喷雾，间隔7～10天，连喷2～3次。

（四）紫斑病

开花后发病用50%的多菌灵可湿性粉1000倍或70%的甲基托布津可湿粉1000倍喷雾防治。

（五）炭疽病

重病田可用50%的多菌灵1000倍或者70%代森锰锌可湿粉400～500倍喷雾防治。

（六）花叶病

1. 苗期及时拔除病苗。

2. 防治蚜虫

用10%吡虫啉可湿粉3000倍喷雾防治。

3. 药剂防治

发病初期可用15%植病灵乳剂1000倍或20%的病毒A可湿性粉剂500倍喷雾，间隔7～10d1次，连喷2～3次。

二、虫害及防治

（一）大豆食心虫

成虫产卵盛期，用Bt乳剂2000倍加25%绿色功夫2000～4000倍喷雾防治。

（二）大豆卷叶螟

在开花结荚盛期或卵孵化盛期用80％敌敌畏1000倍或90％晶体敌百虫1500倍喷雾防治。

（三）豆天蛾

在幼虫1～3龄期，用50％的敌敌畏乳油1000倍或Bt乳剂2000倍或Bt可湿粉1000倍喷雾防治。

（四）大豆造桥虫

在幼虫三龄前，百株有幼虫50头时用50％万灵可湿性粉剂4000倍或5％的高效氯氰菊酯乳油2000倍或用25％的敌百虫粉剂37.5kg/hm^{2}喷粉防治。

（五）豆元菁

成虫始盛期用25％溴氰菊酯乳油2500倍或80％的敌敌畏乳油或90％的晶体敌百虫1000～1500倍喷雾防治。

（六）甜菜夜蛾

在幼虫三龄前，用5％抑太保乳油1500倍或90％的晶体敌百虫1000倍或50％的辛硫磷1000倍或Bt可湿性粉剂1000倍喷雾防治。

三、草害及防治

（一）常见杂草种类

蓼、苍耳、野生麻籽、稗草、苋菜、黎、芥猪毛菜、马唐等。

（二）常用除草剂使用方法

大豆除草剂有40余种，生产上常用的约10余种。首先应掌握田间杂草的种类、数量，选择除草剂类型，再根据除草剂性质、田间土壤条件及温、光条件，确定施药方法、时间和用药量，才能收到良好的效果。

1. 播前土壤处理　播种前 1～2 天，每亩用 48％氟乐灵 100～150mg，对水 50kg，均匀喷洒后耙地，混土深 2～5cm。

2. 播后出苗前处理　每亩用 70％赛克津可湿性粉剂 35～55g，对水 30kg；48％拉索乳油 50％扑草净可湿性粉剂 100g，对水 35kg；50％利谷隆可湿性粉剂 150～200g，对水 50kg；分别均匀喷洒地表面。

3. 播后苗期处理　大豆苗第 1～3 片真叶期，亩用 25％苯达松水剂 200～500ml，对水 30kg；25％虎威水溶液 40～75ml，对水 30kg 均匀喷洒阔叶类杂草的茎、叶。用 10％禾草克乳油 40～60ml 对水 30kg 喷洒，防止禾本科杂草。

10％禾草克乳油、12.5％盖草能乳油等也可用来防治禾本科杂草，每公顷用药量为 0.75～1.05kg 喷施，此外几种除草剂混用效果会更好。

应注意：施用过氟乐灵的地块，次年不宜种植高粱、谷子、以免发生药害。如兼防禾本科杂草与阔叶杂草时，应先防阔叶杂草，后防禾本科杂草。喷药时应注意风向，以免危及邻近作物安全。

第六节　收获及后期管理

一、收获

（一）收获时期

当大豆茎秆呈棕黄色，有 7％～10％的叶片尚未落尽时是人工收获的最佳时期；当豆叶全部落尽，籽粒已归圆时，是机械收获的最佳时期；当大豆面积过大，虽然豆叶尚未落尽，但籽粒变黄、开始归圆时是分段收获的适宜时期，但涝年或涝区不宜采用。目前生产上往往收获时期偏晚，炸荚多，损失大，值得注意。

（二）收获质量

机械联合收割时，留茬高度一般为5cm，要求综合损失不超过4%，收割损失不超过2%，脱粒损失不超过2%，破碎粒不超过3%。分段收割时要求综合损失不超过3%，拾禾脱粒损失不超过2%。收割损失不超过1%，割后晒5～10d，种子含水量在15%以下时，及时拾禾、人工收割时，要求留茬不留荚，放铺规整，及时拉打，损失率不超过2%。脱粒后进行机械或人工清粮，使商品质量达到国家规定的三等以上标准。种用大豆机械干燥时只能在40%～45%范围内，经过4～5h，然后入库贮藏。

二、贮藏

大豆籽粒不耐贮藏，当含水量大于13%且气温较高时，新陈代谢加强，营养物质损耗，含油量和粒重降低，发芽率丧失；当空气湿度大时，则大豆种皮变色，油的酸度上升，有机物质分解以至腐烂变质。大豆籽粒贮藏前必须充分晾晒，使含水量达到12%左右时再进行入仓贮藏。贮藏温度保持在2℃～10℃，并时常注意仓内湿度变化，定期进行检查和管理。

第四章　无公害油菜的种植

第一节　产地环境、地块选择及整地

一、产地环境

距离高速公路、国道、干道1000m以上，距地方主要干道500m以上。附近2000m以内没有医院及生活污染源，1000m以内没有工矿企业。符合NY/T 391—2000中“农田灌溉水中各项污染物的浓度限值指标”水质评价标准、NY/T 391—2000中“土壤中各项污染物的含量限值指标”和NY/T 391—2000中“环境空气质量要求”。

二、地块选择

（一）油菜高产的土壤条件

油菜根系发达、主根长，入土深，分布广，因此要求土壤耕层深厚，地势平坦，排灌方便，土壤结构适宜，理化性状良好，有机质含量15mg/kg以上，速效钾含量80mg/kg以上，土壤pH6.5～7.5，土壤全盐含量不得高于2g/kg。

(二) 培肥地力的主要措施

1. 合理轮作倒茬

(1) 合理轮作倒茬的依据

油菜是麦类作物和其他农作物的良好前作，对土壤保水蓄墒有较大作用。油菜又是一种宜于中耕的农作物，要求在生育期间进行多次耕作以及比较细致的田间管理，对促进土壤熟化，改进土壤的理化性质有积极作用。油菜对前作的要求一般不严格。麦、豆类作物都适宜作它的前作，以豆类休闲对油菜的增产作用最好。油菜不宜连作，否则，表现为逐年减产20%～30%，并易发生病虫害。油菜也不应与十字花科其他作物进行轮作，因为同属同科作物往往具有共同的病虫害，轮作后产量逐年降低。油菜的套种主要分布于复种指数较高的长江流域冬油菜区，近年来，在北方油菜产区也有实行，在黄河中下游，油菜与小麦、棉花、烟草、玉米等农作物套种；在东北和宁夏等地，实行油菜和玉米、高粱或甜菜等农作物间作。

(2) 合理轮作倒茬

根据油菜的常异花授粉特点必须实行1～3年的轮作倒茬，才能保证优质油菜的优良品质。

①冬油菜区的主要轮作方式有：A. 中稻—冬油菜两熟和晚熟—冬油菜两熟。B. 双季稻、油菜三熟。C. 旱稻—秋大豆(秋绿肥)一冬油菜。D. 冬油菜—夏玉米—冬小麦—夏玉米。

②春油菜轮作方式有：A. 一年一熟制。春油菜与青稞春小麦轮作。B. 一年两熟制。春油菜—玉米(大豆、高粱、谷子等)。

2. 深耕

深耕的时间越早越好，即在前作收获之后，立即抢时耕翻，耕深一般 20cm 以上，掌握好土壤的适耕期。耕前每 667m^2 施入优质腐熟农家肥 3000kg，氮、磷、钾、锌、硼配方肥 50kg。

三、整地与施肥

油菜一般要求保水保肥性能强、土壤结构良好、质地中等、深耕细碎、疏松通气的壤土。

1. 整地：我国的油菜地主要有水田和旱地两种类型。

水田耕作整地的关键技术：一般在水稻沟内排干水时撒籽，下湿田提前 7～8 天开沟排水。水稻收割时土壤表层出现“鸡爪”裂纹，下田踩不起脚印时为宜耕时期。耕地深度以原耕作层深度为宜。有条件的地方结合整地，增施粗渣肥作底肥，并开沟做畦，一般畦宽 1.5～2.0m，深 0.3m。

旱地耕作整地的关键技术：无论是干旱地区或有灌溉条件的地方，还是雨水多的地区和年份，也无论净种和套作，都要求土壤疏松通气，结构良好，蓄水保墒性能好，保证整地质量。犁地深度视土壤墒情和翻耕时间而定。整地同时结合开沟作畦，一般畦宽 3m 左右为宜。对北方油菜产区的夏季休闲地来说，主要耕作技术是浅耕灭茬、深耕蓄水和耙耱收墒。

2. 施基肥：油菜在整个生育期中，吸收矿质养分的比例是有一定规律的，即吸收的氮最多，其次为钾，再次为磷。氮、磷、钾的比例大致为 1∶0.35∶0.95。如每生产 50kg 油菜籽，需吸收氮 5.1kg、磷 1.8kg、钾 4.7kg。为了适应油菜的需肥特性，在生产中要特别着重基肥的施用。基肥包括底肥和种肥。不同地区基肥施用有较大的差异，一般基肥用量占总用肥量的 40%～50%，即每亩施优质有机肥 1000～1500kg、过磷酸钙 15～20kg，施入耕层内，土肥相融。

第二节　品种选择、种子处理与播种

一、品种选择

选用优质高产、抗病虫、抗逆性强、适应性广、商品性好的油菜品种。

（一）引种经验

1. 注意品种适应性，尽量引进抗逆性强、适应性广的品种。

2. 我国南方地区与北方地区不宜进行相互引种。

3. 长江流域各省引种应注意掌握品种特性。

4. 春油菜区之间可以相互引种。

5. 春油菜区与冬油菜区之间不宜相互引种。

（二）常用优质抗病品种

1. 华杂 3 号：半冬性，抗寒，耐病中等，适于两熟、三熟区栽培。

2. 华杂 4 号：优质抗逆，适于长江、黄淮一年两熟和多熟地区种植。

3. 新油杂 1 号：早熟抗逆，适应性广。

4. 中油杂 1 号：抗倒耐渍性强，较耐菌核病，抗病毒病，适于长江、淮河流域两熟或三熟区种植。

5. 豫油 4 号：优质，抗菌核病、病毒病，抗倒伏，适于黄淮地区两熟制和长江中下游三熟区种植。

6. 中油 119：抗逆，抗菌核病、病毒病，适宜长江上、中、下游和黄淮海冬油菜区种植。

7. 华双 3 号：抗菌核病，适于长江、淮河流域的三熟和两熟区栽培。

二、种子处理

1. 选种：通过风选和筛选等方法，选出饱满整齐的大粒种子。

2. 晒种：一般于播种前将种子摊放在场地或器具中，放在阳光下晒种 1～2 天，但切忌把种子直接摊在水泥场或金属器具上暴晒，严防高温烫伤种子。

3. 温汤浸种：用 55℃水浸种 20min。

4. 药剂拌种：按每千克种子用 50％多菌灵可湿性粉剂或 40％多菌灵胶悬剂 20～30g 进行拌种，粉剂可在拌种前将种子表面喷施后拌种。胶悬剂可兑适量水喷在适量细土上拌种。有条件的地方可大力推广包衣种子。

三、播种

（一）播种期

我国油菜适宜播种期，是根据各地的气候条件、栽培制度、品种特性和病虫害发生发展规律以及管理水平等因素确定的。过早过迟播种均不利于油菜生长发育，影响产量。适时播种产量高、质量优。

油菜适播期应在 5cm 地温稳定在 15℃～20℃时，一般比当地小麦适播期提前 15～20 天。我国冬油菜产区气候条件差异大，播期不太一致。黄淮地区一般直播油菜在 9 月下旬，育苗移栽在9月上旬。长江中上游在9月8～13日育苗，在9月15～20日直播。长江下游在9月15～20日育苗，在9月25日前后直播。

（二）播种技术

我国油菜播种方式有直播栽培和育苗移栽两种。油菜的播种方法有撒播、点播和条播三种。一般苗床采用撒播方法，大田采用点播和条播两种方法。播种时要求分厢播种，适量播种，分布均匀，不同播种方法播量不一，撒播用种量最大，每亩300～400g为宜。点播和条播用种量较少，一般点播每亩200g，条播每亩200～250g为宜。点播为了均匀，可用草木灰、土粪、细泥沙、熏土灰等与种子拌匀，然后将粪、种一起播种，播后一般不掩土覆盖。条播的播种沟深为3～5cm，播沟与畦平行或垂直。在冻害较严重的地区，南北畦向，东西行向有防冻保暖作用。在西北、华北、关中地区多用耧播，播后可及时耙耱保墒。条播油菜行距一般为30～40cm。机播在西北、华北等地区已相当普遍。另有抗旱播种技术如湖北、湖南、安徽、江西等省三湿（种子湿、土壤湿、肥料湿）播种技术，以及其他地方推行的灌水抗旱播种技术。

（三）合理密植

油菜种植密度必须根据当地自然条件、耕作栽培制度、品种特性、生产水平等诸多因素而定，按照科学试验和生产实践的发展，确定油菜合理密植的适宜范围。

决定油菜合理密植的原则是：甘蓝型品种宜稀，白菜型和芥菜型品种宜密；晚熟品种宜稀，早熟品种宜密；株型较松散的品种宜偏稀，株型较紧凑的品种宜密；早播宜稍稀，晚播宜密；肥田宜稀，瘦田宜密；施肥水平高宜稀，施肥水平较低宜密。

第三节　育苗移栽技术

一、培育壮苗

（一）选好苗床

苗床地要平整、肥沃、疏松、向阳、水源方便；前茬2～3年未种过油菜及其他十字花科作物，利用早稻茬作苗床或者春花生、早黄豆茬地作苗床都比较理想。苗床与大田面积比为1∶5。

（二）精细整地，施足底肥

适墒深耕，重压轻耢，使土壤细碎。结合整地每667m^2施有机肥2000～3000kg，过磷酸钙和硫酸铵20～30kg。苗床畦宽1.33m，畦埂30cm。

（三）适期匀播

根据大田腾茬时间确定播期，一般在平均气温稳定在21℃～22℃时播种，通常比直播田提早播种7～10天。播种量应控制在每667m^2苗床播0.5～0.7kg，可分2～3次撒播，做到播匀、浅盖、不露籽。

（四）苗床管理

齐苗后早疏苗，匀留苗，适时定苗，做到一叶疏，二叶间，三叶定，定苗以7～8cm见方留1株为宜，每667m^2苗床苗数为8万～10万株，注意苗床及时灌水排涝。在2～3叶期要酌情施肥，若出现叶色发红，生长缓慢，应每667m^2兑水施尿素 5～7.5kg。五叶以后控制水肥，促根发育，移栽前发现苗小发红，应每 667m^2 施尿素 2.5kg。发现虫害及时防治。肥力较高的苗床应在 3 叶期喷施 100mg/kg 多效唑培育矮壮苗。

二、适时移栽，提高移栽质量

（一）移栽时期

根据当地气候条件、栽培制度、土壤条件、品种特性等来确定。一般在 10 月中下旬到 11 月上旬移栽，移栽完经 7 天左右的缓苗期，缓苗后冬前再经 20～30 天，长出 4～5 片叶；营养体面积可达移栽前的状态。

（二）提高移栽质量

1. 取苗不伤根，多带护根土

取苗头一天浇透水不易伤根，拔苗时分批进行，拔大留小，拔苗后施少量化肥，促进小苗迅速长大。在适栽期内第二批移栽。

2. 实行沟栽

即东西行开沟，沟深 10cm，将土培在沟的北侧，沟内挖穴栽油菜，利于提高地温。

3. 精细移栽

栽培时做到“三要”“三边”和“四栽四不栽”，即行要栽直，根要栽稳，株要栽正；边起苗，边移栽，边浇定植水；大小苗分栽不混栽，栽新苗不栽过夜苗，栽直根苗不栽沟根苗，栽紧根苗不栽吊根苗。

4. 施压根肥，浇定根水

油菜移栽前如底肥不足，移栽后每 667m^2 及时追人粪尿

500kg 和过磷酸钙 40kg 做压根肥，促苗发青。同时，及时浇定根水，利于根系与土壤紧密接触，活棵返青快。

（三）栽植密度

试验和实践表明，在长江流域，一般品种每亩直播密度为1 万～1.2 万株，育苗移栽为 0.8 万～1 万株，每穴双株；黄淮地区直播油菜密度为每亩 1.2 万～1.8 万株，育苗移栽为1 万～1.2 万株，每穴双株。

第四节　无公害油菜的田间管理及水肥措施运用

一、田间管理

1. 苗期

油菜苗期主攻目标是促苗早发，壮苗越冬。油菜越冬阶段的壮苗标准是将年前分为冬发、冬壮、冬养三种类型，其具体指标为，冬发苗越冬时有绿叶 11～12 片以上，根颈粗 1.5cm 以上；冬壮苗有 8～10 片绿叶，根颈粗 1.0cm 以上；小于冬壮苗的属于冬养型。

油菜苗期的田间管理，直播油菜苗期 2 次间苗（2～3 片真叶第一次，4～5 片真叶第二次又称定苗）。在间苗时，去掉杂苗、弱苗、病虫危害和过大过小苗，留苗势一致及预定苗距的壮苗。结合间苗进行追肥和中耕，气温较低地方要防止油菜受冻。移栽油菜应施好起身肥、定根肥、返青肥。追肥以速效性氮肥为主，结合磷钾肥补施。通常亩施粪水 500～750kg，搭配氮素化肥 5kg。防治病虫，要立足于防，防重于治，及时防除。适宜土壤水分为田间持水量的70%～80%。

2. 蕾薹期

油菜蕾薹期主攻目标是根壮、秆强、枝多，为果多、粒多、高产优质打下良好的基础。施足蕾薹肥（简称薹肥），北方冬油菜包括返青肥和茎肥。追肥以半速效性农家肥为主，亩施1000～1500kg，搭配尿素3.5～5kg，在抽薹中期施用为宜。合理排灌，保持水分为田间持水量的70%～85%。以水调肥，以水控肥，促进油菜春发稳长、老健抗病。还要防治白锈病、病毒病和蚜虫、潜叶蝇。对生长过旺的油菜苗遇有倒春寒天气要注意防冻。

3. 开花结果期

初开花到成熟的时期，包括开花期和角果发育期。此期主攻目标是果多、花多、粒多、粒重、含油量高。

油菜要巧施花肥和果肥，针对大田苗情确定花肥施用期和用量，以免造成贪青晚熟。为了提高粒重和含油量，角果发育期可用1%尿素和2%过磷酸钙的浸提混合液每亩100～200kg，进行根外追肥，并注意防治病虫害。春雨多的地区注意排除积水，保持土壤水分为田间持水量的60%～80%为宜。

油菜适时收获产量高、品质优、含油高，从成熟度看，以黄熟期收获适宜。广大农民有“八成黄，十成收；十成黄，八成收”的经验。油菜终花后25～30天，全株和全田角果70%～80%转黄，剥开主花序下部角果籽粒呈现品种固有色泽，即可收获。

油菜收获有割收和拔收两种方法。割收又分齐地割收和留高桩割收两种。一般以留高桩割收为多，就地集中摊晒，抢晴天突击脱粒。有的地方拔收有利于种子后熟，应注意减少泥沙的带入，摊晒几天后脱粒，归仓贮藏。

二、油菜需水特点与水分管理

（一）需水特点

油菜生育期长，营养体枝叶繁茂，结实器官多，一生中需水量大，全生育期需水量在 300～500mm，折每 667m^2 需水 200～300m^3。其中苗期需水量相对较小，但田间蒸发量大，且降雨少，往往难以满足油菜耗水要求，此期适宜水分为田间持水量的 70％～80％。尤其对移栽田要及时灌水，促其早生根，早缓苗，早生长，茎花期，是油菜生长发育最旺盛的时期，适合土壤含水量为田间持水量的 75％～85％。需水量较大，遇旱要及时灌水。角果发育期适宜土壤含水量为 60％～70％，此期要防止水分过多，需要做到及时排灌。

（二）水分管理

北方冬油菜区的水分管理应以灌水为主，江淮流域灌排结合。

1. 浇好底墒水

在播种前底墒较差时应提前 7～8 天浇好底墒水，然后及时耕耙整地。

2. 灵活灌苗水

根据本地苗期墒情好坏灵活掌握，北方冬油菜区的甘蓝型油菜多在 9 月下旬播种，降雨少应及时灌水。

3. 适时灌冬水

冬灌不仅是因为冬春干旱少雨，蒸发量大，需要补充土壤水分，而且通过冬灌可稳定和提高土壤温度，达到防冻保苗的目的。对于正常生长的油菜冬灌时间以土壤封冻前 10～15 天，日平均气温下降到5℃（小雪前后）较好，对于长势差的油菜，可适当早灌。

4. 灌好蕾薹水

开春现蕾以后，气温升高，生长加快，需水量增加，结合施蕾肥进行浇水，水肥并用，促进油菜生长。

5. 稳浇开花水

油菜开花期生育旺盛，需水多，对水分反应敏感，应加强对水分的管理。生长旺盛的田块，可不灌或少灌，相反，生长差的田块应早灌多灌，一般此期灌水1～2次。

6. 补灌角果水

根据田间土壤水分情况进行排灌水。

三、油菜需肥特点与养分管理

（一）需肥特点

1. 需肥规律

油菜吸肥力强，但养分还田多，所吸收的80%的养分以落叶、落花、残茬和饼粕形式返田。优质油菜在营养生理上，又具有对氮、钾需要量大，对磷、硼反应敏感的特点。据测定：每生产100kg菜子，需吸收氮9～11kg，磷3～3.39kg，钾8.5～12.8kg。

2. 不同生育时期的养分吸收量

（1）油菜对氮素吸收量在抽薹前约占45%，抽薹至终花前占45%，角果发育期约10%，因此，氮素的吸收高峰在苗期和薹花期。

（2）油菜全生育期均不缺磷，但以苗期对磷最敏感，对磷的吸收利用率最高。

（3）钾素以苗期和薹花期吸收比例较高。

（二）养分管理

1. 施肥原则

（1）有机与无机相结合，基肥与追肥相结合。

（2）经济施肥与平衡施肥。

（3）配方施肥。

（4）不施含硫的化肥和十字花科作物秸秆沤制的农家肥。

2. 施肥技术

根据优质油菜不同生育时期不同生育特点，氮肥按底肥的50%、苗肥30%、薹肥20%比例施用，磷、钾、硼一次作底肥施用。

（1）施足底肥。于播种或移栽前整地时一次性施入，一般每667m^2施有机肥3000kg，碳酸氢铵20～25kg，过磷酸钙25kg，氯化钾10～15kg。

（2）早施提苗肥，促进秋发冬发。移栽油菜在栽后7～10天活苗后，即追施速效氮，一般每667m^2施尿素5～10kg。

（3）防冻保苗肥。是北方冬油菜区冬季防冻保苗的有效措施，一般在寒潮前结合中耕松土增施农家肥或人粪尿，具有较好的防冻保苗效果。

（4）稳施薹花肥。春油菜进入薹期，植株生长迅速，需肥最多，根据田间植株长相酌情施薹肥。一般底肥充足植株生长健壮，可不施，若底肥、苗肥不足，有脱肥趋势应早施，一般每667m^2施尿素5～8kg。

（5）必施硼肥。优质油菜对硼敏感，需硼量大，必须施用。

①底肥一般每667m^2用0.5～1kg硼砂，与其他化肥混合

施入苗床或直播油菜田，最好施入土壤上层，效果较好。

②叶面喷洒。用0.05～1kg的硼砂或0.05～0.07kg的硼酸，兑少量水溶化后，再加入50～60kg水即为每667m^2田块喷洒量。

第五节　病虫草害综合防治

一、病害及防治

（一）油菜菌核病

1. 发生及症状

油菜各生育期各部位均有，但以开花结果期最多，以茎部发病受害最重。病菌主要以病核在土壤中或混杂于种子、肥料中越冬，成为初浸染源，大部分地区常年完成一个浸染循环，田间湿度大时发病重。

2. 防治

（1）选用抗病品种。如甘兰型油菜品种中821、中双2号等。

（2）水旱轮作或与大小麦轮作。

（3）无病株留种。有菌核的种子过筛后用10%盐水除去菌核。

（4）秋季深耕培土、重施薹肥、苗肥，早施蕾薹肥，开花后不施氮肥。及时摘除黄叶、病叶、老叶。

（5）盛花期。叶病株率达10%，茎病株率在1%以下时，可用10%的菌核净1000～1500倍防治一次或50%速克灵可湿性粉剂2000倍，或50%多菌灵500倍或70%甲基托布津1000

倍防治1～2次，每次用药每667m²100～125L。两次用药间隔10天药剂防治重点是高产田、低洼潮湿田和油菜花期多雨年份。

（二）油菜霜霉病

1. 发生及症状

长江流域、东南沿海及山区冬油菜区发生最重，为害地上器官，发病部位有霜状霉层，病菌以卵孢子在土壤中及病残体中越冬、越夏。一般春寒多雨、雾露重、昼夜温差大，病害易流行。

2. 防治

（1）农业防治。选用抗病品种，不与十字花科连作，选用无病株留种，彻底清除病残体。

（2）化学药剂防治。播前用10%的盐水选种，发病初期用58%的雷多米尔锰锌可湿性粉剂600倍，72%克露可湿性粉剂800倍或25%甲霜灵（瑞毒霉）600倍，50%退菌特1000倍，0.05%～0.2%的乙磷酸铝液、50%托布津1000～1500倍液，1∶1∶200波尔多液喷雾防治，每667m²每次喷药液100L，每7～10天1次。

（三）病毒病

1. 发生及症状

冬油菜区病毒在十字花科自生油菜上越夏。秋季由蚜虫迁飞传毒给油菜。油菜子叶至5叶期为易感期。春夏油菜区的毒源来自十字花科蔬菜种株，早播田及苗期干旱温暖年份发生重。

2. 防治

（1）物理防治：一是远离十字花科菜地及防治（油菜播前

至5叶期）十字花科菜田的蚜虫；二是推迟油菜播期，躲过感病期。

（2）治蚜防病：一是用银灰膜避蚜。即在油菜行间铺设银灰色地膜，用量为每667m²5kg左右。二是药剂治蚜，当苗期蚜株率达到10％，春季抽薹开花期10％的茎枝或花序有蚜虫时，用50％抗蚜威可湿性粉剂5000～6000倍或10％可湿性粉剂3000倍，25％阿克泰水分散剂5000～10000倍喷雾防治。

（3）药剂防治：发病初期用1.5％植病灵乳剂1000倍或20％病毒A可湿性粉剂500倍或0.5％抗毒剂1号水剂250～300倍喷雾防治，间隔7～10天，连喷2～3次。

（四）其他病害防治

1. 油菜白锈病与霜霉病防治方法类似，但应重视两点：

（1）选用抗病品种。如齐菲加拿大1号、齐油7号、湘油4号等。

（2）在角果发育期摘除肿大畸形的花序“龙头”并带出田外处理，防止“龙头”中卵孢子污染土壤和种子。

2. 软腐病

（1）物理防治。有清除病残体、深翻土地、无病株留种、清沟排渍、床苗消毒，用50％福美双200g拌土100lkg，均匀撒施；用苯菌灵450～2000g与100kg种子拌种。

（2）药剂防治。发病初期，喷65％代森锌500～600倍。

3. 黑斑病

发病初期用65％代森锰锌可湿粉500～600倍，或50％多菌灵可湿粉500倍，75％百菌清（达克宁）可湿粉600倍喷雾防治。

二、虫害及防治

（一）潜叶蝇

1. 发生及症状

以幼虫潜食叶肉，形成灰白色线状弯曲通道；严重时叶片上布满虫道，甚至枯死。发生代数由北向南递增，淮河以北地区以蛹越冬。

2. 防治方法

（1）毒糖液诱杀成虫。成虫发生期用甘蔗或胡萝卜煮汁（或30%糖液）加0.05%的敌百虫在田间诱杀，每10m² 油菜地喷10～20株，3～5天1次，共4～5次。

（2）药剂防治。在幼虫刚出现危害时，用90%晶体敌百虫1000倍或1.8%阿维菌素乳油3000～4000倍，25%阿克泰水粉散粒剂5000～10000倍喷雾防治。

（二）菜青虫

1. 发生及症状

一年发生3～9代，北方以蛹在危害附近的枯叶树枝、杂草、屋墙、篱笆及土缝中越冬，南方也可以幼虫越冬，早播油菜田发生重。

2. 防治

（1）物理防治。清除油菜田及附近菜田的病残体，杀死幼虫和蛹。

（2）药剂防治。在二龄幼虫盛期，用Bt乳剂200倍，25%卡死克乳油1000倍液，5%抑太保乳油2500倍，50%锌硫磷乳油1000倍喷雾防治。

（三）其他害虫

1. 黄曲条跳甲

一年发生4～8代，北方以成虫在落叶杂草中越冬，华南终年繁殖，主要危害十字花科蔬菜及油菜；对黑光灯敏感，防治方法：

（1）避免与十字花科轮作，播前及越冬期摘除残株枯叶及杂草，播前深耕灌水。

（2）药剂防治成虫。在油菜苗期，成虫尚未产卵时施药；可用90%晶体敌百虫1000～2000倍或2.5%敌百虫粉每667$m^2$2.5kg，也可用90%晶体敌百虫1000～1500倍兑水浇灌根部或移栽时浸根防治幼虫。

2. 小菜蛾

防治方法与菜青虫类似。

三、草害及防治

（一）油菜区杂草种类

冬油菜区主要有看麦娘、茼草等禾本科杂草和猪秧秧、雀舌草、芥菜等阔叶草及牛毛毡、香附子等莎草科杂草。春油菜区主要有野燕麦、藜、苣荬菜、刺儿菜等。前者杂草出土盛期在4月中下旬，后者在播后40天内。

（二）防治措施

1. 农业防治

在水利条件较好的地区推行水稻与小麦、油菜、绿肥的“三三制”轮作，绿肥田常在4月20～30天耕翻种水稻，这时看麦娘、茼草等杂草种子被消灭，可使油菜田杂草减少。

2. 化学防治

（1）播前土壤处理：①氟乐灵，在油菜苗床和直播田的播前或移栽前，使用48%氟乐灵乳油1.2～2.25L/hm^{2}兑水750L均匀喷雾，随即耙混3～5cm深的土。②燕麦畏，对野燕麦专用，播前用40%燕麦畏3L/hm^{2}加水450L均匀喷雾，并立即混土5～10cm深。

（2）播后苗前土壤处理：①大惠利，50%大惠利1.5～2.25L兑水750L均匀喷雾；干旱时施药后要及时浅混土，使用大惠利的田块下茬不宜种植高粱、玉米、甜菜等。②其余适宜除草剂还有乙草胺、施田补（除草通）、拉索、杀草丹、绿麦隆。

（3）苗后茎叶处理：①收乐通，对一年生和多年生禾本科草有理想防效，每公顷12%收乐通600mL加水450L均匀喷雾。施药最好在晴天上午，施药后2h降雨，不影响防效。②其他适宜除草剂还有高效盖草能、高特克。另外，除草剂混用可防除多种杂草，如禾本科杂草与阔叶草都较严重时可在杂草小苗期，用10%高特克与10.8%高效盖草能或15%精稳杀得混配，效果较好。

第六节 收获及后期管理

一、收获

（一）适宜收获期确定

油菜的适宜收获时期因品种密度、空气湿度和栽培条件而异，即使同一品种同一植株不同部位的荚果成熟期也不一致，一般情况是主序花角果的下部先成熟，然后是中部和上部，其次是一次分枝上的下部角果成熟，然后是中部和上部。最早成熟的角果和最晚成熟的角果相差多者 12～15 天，少者 6～8 天，因此确定油菜适宜收获期不能以角果的成熟情况而定，而应以取得最高产量和含油量为准。据测定，油菜主轴籽粒含油量在终花后 25 天达到高峰，而分枝籽粒的最高含油量则在终花后 35 天。综合各因素确定适宜收获期有以下几种方法：一是农民经验，如八成黄，十成收；十成黄，两成丢。即将油菜成熟度与产量高低联系起来。二是依据油菜外部长相、色泽，“角果枇杷黄，收割正相当；上白中黄下绿，收割不能过午”等。三是依据种子色泽的变化，即摘取主轴中部和上部，中部一次分枝共 10 个角果，剥开观察籽粒颜色，若褐色粒、半褐半红色粒各半，则为适宜收获期。由于种植密度不同，分枝数量多少也不相同，在确定油菜的适宜收获期时各部位摘取角果数的比例也不应相同。密度为每 667$m^2$1 万株时，主轴、上、中部分枝的角果比例为 3∶3∶4；密度为 1.5 万～2 万株时。摘取比例为 4∶4∶2；密度为 2.5 万株以上时，其比例为 5∶4∶1。实践证明，这种方法较为正确。

（二）收获方法

1. 收割

以在早晨带露水收割最好，以防角果裂角落粒。同时做到轻割、轻放、轻捆、轻运，力求在每个环节上把损失降低到最低限度，并且最好是边收、边捆、边捡、边运连续作业，以防在田间裂角落粒。

2. 堆垛与成熟

由于油菜在八成熟时收获，为促进部分未完全成熟的角果后熟，应将收获后的油菜及时堆垛后熟。堆垛选择在地势高、不积水的地方，垛下面最好垫以捆好的角果向上的油菜捆或垫料等，以利排水、防潮和防止菜籽霉变。

3. 脱粒

经过堆放4～6天的油菜，角果皮裂开，菜籽与角果皮裂开，这时可选择晴朗的天气，抓紧时间摊晒，碾打脱粒，扬净。当水分降到8%～9%时，装入洁净的袋子入库。

二、油菜的贮藏

油菜籽是属于难以贮藏型的，影响贮藏的因素主要有水分、温度，因此贮藏时最主要的就是控制种子含水量，防止发热霉变、防虫等措施。

（一）严格控制含水量

油菜籽含水量控制在8%以内较为安全，在仓贮期间要固定专职人员定期检查种子含水量。发现含水量上升，及时晾晒，当水分下降到规定标准后密闭封好，以防种子吸湿。

（二）严防发热霉变

我国冬油菜区油菜收获脱粒后，恰遇夏季高温高湿季节，油菜籽含水量易升高，含水量超过12%时，很容易发热霉变，这时可采取以下措施紧急处理：①自然缺氧。把含水量高的油菜籽装入袋内，填实扎紧，放入河塘水底，自然缺氧。②塑料薄膜密封加磷化铝熏蒸。即将湿油菜籽用塑料薄膜严密覆盖，四周用泥土压实封紧，不透空气，每立方米投入磷化铝3～4片。以上方法保存时间不可超过1周，待机赶快晾晒。

第五章 无公害花生的种植

第一节 产地环境、地块选择和整地

一、产地环境

距离高速公路、国道、干道1000m以上，距地方主要干道500m以上。附近2000m以内没有医院及生活污染源，1000m以内没有工矿企业。符合NY/T 391—2000中“农田灌溉水中各项污染物的浓度限值指标”水质评价标准、NY/T 391—2000中“土壤中各项污染物的含量限值指标”和NY/T 391—2000中“环境空气质量要求”。

二、地块选择

花生是地上开花、地下结果的农作物，土层深厚、质地疏松、有机质丰富、排水良好的沙壤土，最适合花生的种植。多年试验和生产经验证明：花生高产的土壤条件为：①土层深厚，全土层50cm以上，耕作层30cm以上，结果层土质疏松、通透性强；②土壤物理性状好，泥沙比为6：4，容重为1.5g/cm^3，总孔隙度40%以上；③土壤肥力高，有机质含量为1%、全氮为0.05%、有效磷为25mg/kg、有效钾为100mg/kg；④土壤pH6～7。这种土壤有利种子发芽出苗，根系生长和根瘤发育及果针入土结荚，保证苗全、苗壮、产量高。此外，花生忌连作，以防病害。

三、整地

（一）春播花生整地

春播花生约占我国花生面积的20%，这部分花生田在前茬作物收获后要进行冬耕，一般耕深为26～30cm。春播花生地的耕耙最好在秋末或入冬前进行。冬前进行深耕，耕后可以不耙耢，以利冬季接纳雨雪、蓄水保墒、熟化土壤。冬耕过的花生地，春季可以只耙不耕，未冬耕的地块，应及早春耕。春耕宜浅，浅耕后随耕随耙耢，以利保墒。

（二）夏播花生整地

这类花生前茬多为油菜、大麦、豌豆等作物，一般浅耕10～17cm，耕后及时耙细耢平，起垄再播种。但是要根据当时土壤墒情，腾茬早晚而定。如果土壤墒情不足，腾茬较晚时，应趁墒抢时播种，出苗后再及时中耕灭茬，结合中耕追施速效肥料，促进幼苗健壮生长。

（二）麦垄套种花生整地

麦垄套种花生整地要点是在小麦播前要深耕细耙，要求深耕26cm以上，耕后耱碎坷垃。

（四）起垄种植

能够加深活土层，三面受光，提高地温，利于果针入土和荚果的生长发育。起垄的方法是以犁扶垄，两犁一垄，高17cm，垄距一般为33～40cm，每垄播种一行，要随起垄随播种，防止跑墒影响出苗。

不管是春花生还是夏花生，结合整地都要每 667m^2 施优质腐熟的有机肥 4000kg，花生专用配方肥 50kg，以满足花生需求。

第二节　品种选择、种子处理和播种

一、花生的类型

根据开花型及其他综合性状，将花生分为四大类型，即普通型、龙生型、珍珠豆型、多粒型。

（一）普通型

普通型属交替开花型，主茎不开花、侧枝较多、有三次分枝、叶片倒卵形，叶色绿或深绿，荚果普通型、果壳较厚，网纹平滑、果嘴较小，典型荚果含种子两粒，种子呈椭圆形，种皮多为红色或浅红色，光滑有光泽。生育期较长，春播 145～180 天。种子休眠期较长，一般在 50 天以上，发芽最低温度 15℃，花芽分化迟，开花晚，一般在主茎 8～9 片真叶时开花，开花结果期较长，适宜作一年一熟的春花生种植。

普通型花生根据其株型又可分为丛生和蔓生两个亚型或分为直立、半蔓、蔓生三个亚型。普通型蔓生花生主茎短、侧枝长，生长茂盛，抗旱耐瘠能力强，但结果分散，不易收刨，适于丘陵旱薄地种植。

（二）龙生型

龙生型属交替开花型，主茎上不开花，侧枝细长，分枝性强，常有四次分枝。叶片较小，为倒卵形或宽倒卵形，叶面上和叶缘有明显的茸毛，叶色深绿。荚果曲棍形，果壳较薄，网纹细而深，果嘴明显，每荚含种子 3～5 粒，种子圆锥形或三角形，有凹痕，种皮多为暗红色，无光泽。春播生育期 150 天。种子休眠期较长，发芽要求最低温度为 15℃～18℃，龙生型花生抗旱耐瘠性强，适宜于干旱或飞砂区种植。该类型种子含油率较低，但蛋白质含量较高，作食品加工则别有风味。

（三）珍珠豆型

该类型属连续开花型，主茎开花，株型直立，分枝性弱，少三次分枝，叶片较大，为椭圆形或宽椭圆形，叶色淡绿或绿色，荚果茧形或葫芦形，果壳薄，网纹细，每荚含种子两粒，种子圆形或桃形，种皮淡红色。生育期 120～130 天，开花早，一般主茎 7 片叶时开花，花期短而集中。种子休眠期短，发芽最低温度为 12℃，出苗快而整齐，幼苗生长势强。珍珠豆型由于具有株型紧凑、结果集中、籽粒饱满、早熟等特点，目前种植面积不断扩大。

（四）多粒型

该类型属连续开花型，主茎开花，植株高大、分枝少、茎秆粗壮，多呈紫红色，叶片较大，椭圆形或长椭圆形，叶色淡绿，花期长，开花量大。荚果串珠状，果嘴不明显，果壳厚，网纹平滑，每荚含种子 3～4 粒，种子圆柱形或三角形，种皮紫红色，生育期短，为 120 天左右，种子休眠期短，发芽快，出苗整齐，幼苗生长势强。多粒型花生突出特点是早熟，结果集中，籽粒饱满。因此，适合于无霜期较短的东北早熟花生产区种植。

二、良种的合理布局

以春播花生为主的地区，应以种植中熟大果品种为主；以两年三作或一年两作为主的地区。良种安排应以中熟种和早熟种兼顾；两年三作区以中熟种为主；一年两作区以早熟种为主。随着生产条件的改善和土壤肥力的提高，中熟大果花生将是发展的方向，在一年两熟的夏花生区，为充分利用光热资源，应广泛采用麦套方式。种植中熟品种或种植早熟大果品种。夏季直播应采用覆膜栽培方式，种植早熟花生品种，良种的合理布局还包括良种的合理搭配。良种搭配是指在一个生产区域或主产单位内，首先应确定一个当家品种，同时要搭配一二个其他品种，还要及时选择适宜的接班品种。品种的选择既不要单一，也要防止品种过多。

三、因地制宜选用良种

（一）选用良种的原则

1. 根据相应的自然生态条件、栽培技术选用合适的良种。

2. 根据本地土壤条件选用良种。肥水条件好的地区应引进和推广高产品种，肥水条件差的地区应以中低产品种为宜。

3. 种子质量符合国家标准，即纯度大于96%，净度大于98%，发芽率大于75%，水分低于10%。同时综合性状好、抗病虫、高产优质、商品性好、适应性强。

（二）常用优良品种

1. 适于北方大花生区的品种：豫花4号、7号、9号、11号、14号、鲁花9号、11号、14号，8130，冀油4号等。

2. 适宜广东、广西等南方小花生区的品种：粤油116、汕油27、中花2号、4号等，这些品种多为珍珠豆型，抗青枯病、锈病。

3. 其他品种：鲁花7号、8号、9号、11号和79266系等早熟大花生，增产、适应性强，应加速推广。

四、种子处理

种子处理是提高种子发芽率、出苗率、防治病虫的有效措施之一。播前种子处理主要包括发芽试验、晒种、分级粒选等工作。在播前应先测定种子的发芽率，若发芽率低于90%时，则不宜做种用。

1. 晒种时，应带壳晒种，将荚果摊在土场上，连续晒2～3天即可，剥壳后的种子不宜露天暴晒，以免阳光灼伤种子或使种子出现返油现象，降低种子发芽率。对种子进行分级粒选，选用籽粒饱满的种子做种用，播前进行浸种是确保花生一播全苗的重要措施。

2. 用0.1%的硼酸溶液、0.01%～0.03%的钼酸溶液进行浸种或用根瘤菌剂拌种，都有一定的增产作用。

五、播种

（一）适期播种

适期早播的花生生育期相应延长，开花亦早，尤其是苗期显著增长，侧枝增多，根系发达，花芽分化期增长，前期有效花增多。试验表明，适期早播比晚播显著增产，且北方地区春季多干旱，播种越早墒情越好，故早播有利于全苗。一般珍珠豆型品种5cm地温稳定在12℃以上、普通型品种5cm地温稳定在15℃以上时即可播种。北方花生产区的播种期一般在4月下旬至5月初。麦套花生在麦收前20天左右播种较适宜。近年来，有些地方为了适期早播，采用地膜覆盖结合带壳播种，也有显著的增产效果。

（二）播深

应根据土质、气候、土壤墒情等掌握适宜的播种深度、播后覆土、镇压等保苗措施。播种深度一般5cm，若播种过浅，种子易落干，若播种过深，不仅出苗迟，消耗养分多，出苗不壮，且遇低温或阴雨天气还会烂种烂芽。同时，播种过深，使子叶深埋土中，影响第一对侧枝的发育，使有效花减少而造成减产。花生播种的适宜土壤墒情为田间最大持水量的50％～70％。

（三）播种方法

一是穴播：即一人开穴，一人点种覆土，每穴两粒种子。二是沟播：即用犁、耧或机械开沟，边开沟边点种，随覆土结合镇压，以防止跑墒。目前花生播种机已实现了开沟、播种、覆土等多道工序一次完成。

（四）播后镇压

镇压在干旱多风的沙土地更为重要。镇压要根据土壤墒情而定，墒情差要播后立即镇压，水分过多，要等墒情适宜时镇压，以防镇压过早，表面板结，影响出苗。

（五）抗旱播种

我国北方花生产区常出现干旱，要采取抗旱播种。有水源的地方可浇水点播，无水源地方可借墒播种。即先将高寒土扒开，挖第一穴播下种子，将第二穴湿土盖到第一穴种子上用脚踏一下，然后覆盖一薄层干碎土，以防止水分蒸发，这样顺次进行。

（六）播种密度

花生密度由单位面积穴数和穴株数两因素构成。在单位面积株数一定的条件下，以每穴两株产量最高。穴株数过多，植株拥挤，个体发育不良，而每穴一株，中后期田间郁闭，无效枝较多。春、夏、秋花生适宜的密度范围有所不同。

1. 春花生密度范围

适宜的密度范围为每 667m^2 7500～9000 穴（每穴 2 粒），高肥田大果品种 7500～8000（穴）为宜，中肥田大果品种为 8000～8500 穴，中小果品种为 8500～9000 穴，瘠薄地中小果品种 9000～9500 穴。

2. 夏花生密度范围

夏花生适宜密度范围为每 667m^2 8000～11000 穴。高产田大果品种以 8000～8500 穴为宜，中产田大果品种以 8500～9000 穴为宜，中产田中小果品种以 9000～9500 穴为宜，低产田中小果品种以 9500～11000 穴较为宜。

3. 秋花生密度范围

我国南部沿海地区的秋花生一般为中小粒早熟品种，加上在中后期温度较低，雨水渐少，结果较小；密度范围以每 667m^2 1000～2200 株较为适宜。

第三节　田间管理

一、一般管理

（一）查苗补缺

在花生基本齐苗后，要及时进行查苗补缺。可以采用补种等方法进行。补种出苗后，要补施少量提苗肥，促苗早发。

（二）清棵蹲苗

花生属于子叶半出土作物。在正常情况下，子叶不出土或半出土，第一对侧枝基部往往被埋在土中，发育不健壮且影响花芽的分化。清棵就是将花生幼苗周围的土扒开，使埋入土中的子叶露出地面，及时接受光照，促使第一对侧枝健壮生长，提早花芽的分化，增加有效花量，从而提高饱果率。花生清棵在齐苗时进行，清棵不宜过早，过早易使尚未出苗的幼芽落干，造成缺苗。但清棵也不宜过晚，过晚，第一对侧枝在土中掩埋时间过长，即便清棵作用也不大。清棵可结合第一次中耕进行，深度以露出两片子叶为标准。清棵后一般 15～20 天结合第二次中耕进行除草平窝。

（三）中耕除草

花生中耕能及时除去杂草，疏松土壤，提高地温，改善土壤通气状况，调节土壤水分供应，对促进根系发育和根瘤的形成都有重要作用。花生一生一般要中耕 3～4 次，第一次中耕在齐苗后结合清棵进行，中耕要浅，以免埋苗；第二次中耕在清棵后 15～20 天进行，这次中耕要深，以利根系下伸；第三、四次中耕在封垄前进行，既要清除杂草，又要避免损伤果针。

（四）培土迎针

花生培土后，缩短了高节位果针的入土距离，使果针及早入土，并为荚果发育创造一个疏松的土壤条件；另外，培土后行间形成了垄沟，便于田间灌排。培土迎针宜在盛花期进行，一般结合第三或四次中耕进行培土，用小锄将土培在花生基部，并清沟除草。

（五）防旱排涝

花生属深根耐旱作物，短期的干旱，对花生产量影响不大，但若长期缺水，则会严重影响花生的产量。花生在不同生育时期需水率和要求的土壤相对含水量也不同，苗期分别为12.3%和60%，花针期为24.4%和75%，结荚期为34.6%和60%～80%，饱果期为28.7%和50%～87%。因此，要根据花生的需水规律结合天气、土壤等情况进行适时灌排。

（六）促壮防倒

在花生的旺盛生长期，由于土壤、水肥、品种及密度等外界条件不协调，易造成花生植株徒长倒伏。目前在生产上常采用喷施生长调节剂的方法来促壮防倒。常用的生长调节剂有①B9（比久），是一种生长延缓剂，在盛花期用1000mg/kg的浓度进行喷施可有效地抑制徒长，提高饱果率。②多效唑，是一种高活性植物生长调节剂，在花生始花后35天用50～100mg/kg的浓度喷施，能有效地控制营养生长，促进光合产物向荚果中运输，具有显著的增产作用。③矮壮素，是一种生长抑制剂，在盛花期喷施3000～5000mg/kg的矮壮素有促壮防倒的效果。

二、肥水管理

（一）合理施肥

1. 花生的需肥特点

花生不同的产量，吸收氮、磷、钾、钙的量不同。在亩产荚果300kg产量水平下，每生产50kg荚果约需氮3～4kg、磷（P_2O_5）0.6～0.7kg、钾（K_2O）1.5～1.8kg、钙1.5kg。

2. 花生的施肥技术

（1）重施基肥：花生施肥以基肥为主，基肥用量一般占总施肥量的80%～90%，一般田块每亩可用有机肥3000kg与过磷酸钙或钙镁磷肥20kg混合后作基肥施入。

(2) 适施种肥：在播种时，每亩用硫铵5～10kg施于播种沟内作种肥，对培育壮苗、促苗早发有重要作用。

(3) 早施追肥：底肥不足的田块，尤其是麦套花生或麦后直播花生，在不施基肥的情况下，及时追肥尤为重要。苗期追肥数量不宜过多，每亩可用硫铵5～10kg，过磷酸钙10～15kg，草木灰50～100kg与300kg优质圈肥混合后开沟条施。

(4) 磷、钾配合施：据试验，花生单施钾肥增产效果不明显。钾肥与磷肥配合施用才有较好的增产作用，每亩可用硫酸钾或氯化钾5～10kg与过磷酸钙15kg混合后集中条施。钾肥若作追肥，宜在齐苗后或初花期追施。在花生生长的中后期，也可用0.2%的磷酸二氢钾溶液进行叶面喷施。

(5) 巧施钙肥：花生是需钙较多的农作物，缺钙的土壤在初花期每亩用15～20kg熟石灰（酸性土壤）或5～10kg石膏粉（碱性土壤）与100～200kg圈肥混合后，撒施于花生垄上，结合中耕、培土将钙肥埋入结果层内，以满足荚果发育对钙肥的需要，提高饱果率。

此外，在花生生长的中后期，还可用0.1%～0.2%的钼酸铵或0.05%的硼酸溶液进行叶面喷施，都具有较好的增产作用。

（二）合理灌溉

1. 花生需水规律

总的规律是两头少、中间多，即幼苗期需水少，开花下针期和结荚期需水多，饱果成熟期需水少。幼苗期土壤水分不宜太多，大花生土壤水分以土壤田间持水量的50%～60%、小粒花生土壤含水以田间持水量的50%为宜。开花下针和结荚期，花生生长发育最旺盛，是花生一生中需水量最多时期，也是花生需水临界期。此期以土壤田间持水量的60%～70%为宜，但这一时期又是多雨季节，历年降雨量250mm左右，由于雨量分布不均常发生旱、涝现象。因此必须同时做好抗旱和防涝工作。饱果成熟期对水分需要量减少，土壤含水量占田间持水量的50%～60%最为适宜。

2. 节水灌溉技术

（1）改进地面灌溉技术

①渠道防渗是减少渠道渗漏损失、节约灌溉用水的重要措施。

②改长垄灌溉为短垄灌溉，不但具有省水效果而且提高了灌溉质量，降低灌水成本。

（2）低压管道输水灌溉技术

即地下固定输水管道，地上采用灵活管道的灌溉形式，具有省水节能省工省地、成本低、效益大等优点。

（3）沟灌节水技术

是在花生行间开沟引水，水在沟中流动，通过毛细管和重力作用向两侧和沟底浸润土壤。一般垄作采用沟灌，花生起垄种，将水灌于沟内，由垄沟向两侧及底层浸润。

（4）喷灌节水技术

该项技术尤其适用于进行地面灌溉难度大的山区坡地。

（5）滴灌节水技术

是利用一种低压管道系统，在它上面装有许多滴头，分散到田间，水自每个滴头一滴一滴地慢慢浸润作物根系最发达的区域。

第四节　病虫草害综合防治

一、花生病害及防治

（一）叶斑病

1. 发生及症状

花生叶斑病主要有褐斑病、黑斑病、枯斑病、网斑病、炭疽病等，病菌在土壤病株残体上越冬，翌年随风传播染病。一般花生花期发病，中后期逐渐严重，7～8月份多而发病重。

2. 防治

（1）物理防治

实行与水稻、玉米、甘薯等轮作1～2年，可明显减轻病害。同时清除田间病残枝叶，减少病源，或选育抗病品种。

（2）化学防治

发病初期可用50％多菌灵可湿性粉剂1000倍，或80％代森锰锌可湿性粉剂500倍喷雾防治，每次间隔7～10天，连喷2～3次。

（二）锈病

发病初期，用20％粉锈宁乳油2000倍或12.5％烯唑醇（速保利）可湿性粉剂4000～5000倍兑水喷雾防治。

（三）立枯病

在花生苗期发病，可用5％井冈霉素水剂2000倍喷雾防治。

（四）病毒病

1. 发生及症状

花生病毒病包括花生条纹病、黄花叶病、普通花叶病和芽枯病，主要通过种子带毒以及蚜虫传播。

2. 防治

（1）用无毒种子杜绝病菌来源。

（2）花生种植区内除去刺槐花叶病树，清除田间和周围杂草。

（3）种植抗耐病品种。

（4）防治蚜虫。蚜虫是传播病毒的重要途径，当花生田蚜株率达到5%～10%时，用10%吡虫啉可湿性粉剂3000倍、40%的乐果乳剂1000～5000倍、25%阿克泰水分散颗粒剂5000～10000倍喷雾防治。

（5）药剂防病。发病初期，用1.5%植病灵乳油1000倍或20%病毒A可湿性粉剂500倍喷雾防治，7～10天1次，连续2～3次。

二、花生虫害及防治

（一）甜菜夜蛾

1. 农业措施

铲除田间地头杂草，消灭虫卵寄生。

2. 药剂防治

在幼虫3龄以前用5%抑太保乳油2500～3000倍，或Bt可湿性粉剂1500倍或Bt乳剂200倍喷雾防治。

（二）棉铃虫

1. 物理防治

秋耕冬灌，杨树枝把诱杀。

2. 化学药剂

百穴有卵30粒时用Bt可湿性粉剂1500倍或Bt乳剂200

倍喷雾防治，幼虫百穴 30 头时，用 1.8%阿维菌素 3000～4000 倍喷雾。

（三）大灰象甲

用 80%晶体敌百虫 30 倍喷洒到新鲜蔬菜上、鲜草上或炒香糠麸上做成毒饵，在花生出苗前，于傍晚撒在地面进行诱杀，每 667m^2 用饵料 15～25kg，也可用 25%敌百虫粉每 667$m^2$1～2kg 撒布地面。

（四）银纹夜蛾

幼虫 3 龄前，百株有幼虫达 50 头以上时，用 50%辛硫磷乳油 1000 倍喷雾，或每 667$m^2$2.5%敌百虫粉剂 2kg 喷粉。

三、花生草害及防治

花生田常见杂草种类有马唐、马齿苋、狗尾草、藜等。常用除草剂有以下几种；

（一）都尔

72%乳油，北方每公顷用 2.25～3.0L，南方 1.5L 兑水 750kg 于花生播前或播后苗前均匀喷雾。对下茬无影响。地膜覆盖田可减少 1/3～1/4 用量。

（二）农思它

南方每公顷用 25%农思它 1.5～2.5L，北方 2.25～3.0L。覆膜田 1.5～2.0L，兑水 750L 于花生播后苗前施药，干旱条件下施后浅混土有利于药效发挥。

（三）拿捕净

有 12.5%机油乳剂和 20%乳油两种，12.5%的拿捕净机油乳剂或 20%乳油防治一年禾本科杂草，2～3 叶期，每公顷

1.0L。4～5叶期用1.5L。6～7叶期用2.0L。20%乳油中加入2.0～2.5L柴油能提高药效，可减少20%～30%用药量。防治多年生禾本科杂草于3～5叶期，每公顷12.5%拿捕净乳剂或20%拿捕净乳油30～50L，飞机喷药可适当降低药量，以上药量均兑水450L。施药时注意风速、风向、不要使药液飘移到小麦、玉米、水稻等禾本科作物田，以免受药害。

除此之外，还有地乐胺、大惠利、氟乐灵、果尔、高效盖草能、禾耐斯、精稳杀得、精禾草克、乙草胺等除草剂，效果也不错。

第五节　适时收获

花生是陆续开花结实的农作物，同一植株上的荚果成熟早晚不同，若收获过早，一些荚果尚不饱满，直接影响产量，若收获过晚，则易造成荚果脱落土中，增加烂果，甚至造成地下发芽。因此，花生的适宜收获期，应根据花生的长势长相，荚果发育状况及当地气温变化情况来确定。当花生植株顶端不再生长，中下部叶片大部分脱落，顶部叶片变黄，傍晚叶片不再闭合，拔起植株，80%以上的荚果网纹清晰，剥开荚果时，籽粒饱满，种皮呈现本品种的固有色泽，就表明已经成熟。另外，当昼夜平均温度降到12℃以下时，花生荚果已停止发育，虽未成熟，若推迟收获，则有遭受冻害的危险，因此，应及时收获。北方花生区种植的晚熟大花生一般在10月20日前收获；而一些中、早熟品种宜在9月中、下旬收获。花生收获后及时晒干，使种子含水量降到8%～10%即可妥善贮藏或加工利用。

第六节 花生地膜覆盖耕作栽培技术要点

花生地膜覆盖是一项新的耕作栽培技术，近几年，在辽宁、河南、山东等地发展较快，增产幅度为13.1%～69.7%。

一、花生地膜覆盖增产的原因

（一）提高地温

花生覆盖地膜后能使地温增高，特别是晴天，增温效果更为明显，据测定，覆盖地膜后，土壤耕层温度比露地提高3℃～5℃。

（二）减少土壤水分蒸发

花生覆盖地膜，使土壤蒸发的水分遇到薄膜后又凝结成水珠回到土壤中，减少了土壤水分的无效消耗，从而增加了土壤水分的利用率。据测定，覆膜后土壤含水量提高2.5%。

（三）加速养分转化、减少养分流失

花生覆膜后，土壤温度增高，使土壤微生物的活性提高。

二、花生地膜覆盖的耕作栽培技术

（一）整地施肥

由于覆膜栽培，一般不中耕除草，因此，播前必须深耕细耙，精细平整，使覆膜后薄膜能与地面相贴，起到增温保湿的作用。实行覆膜栽培，土壤处于高温多湿条件下，土壤养分分解转化快，因此应增施基肥，防止后期脱肥早衰。基肥用量可比露地用量增加 20%～30%。

（二）起垄作畦

根据选用薄膜的宽度进行趁墒起垄，垄宽 80cm，高 10～15cm，垄面呈弓形，起好后，用铁锹顺势将垄面上的土块拍碎或用碾子镇压畦面，然后喷施除草剂，除草剂用量不宜过大，应为常用量的 60%～70%，因膜下温度高，药量大时，易对花生造成药害。

（三）播种覆膜

覆膜花生的播种期可根据当地的终霜期和气温来确定。一般北方花生区在终霜前 10～15 天，膜下 5cm 地温已达 15℃左右，能满足花生发芽出苗对温度的要求，且出苗后终霜已过，有利于幼苗的健壮生长。因此，可在终霜前 10～15 天按预定的株行距进行带壳播种，播后立即覆膜。

（四）田间管理

对无播种孔的薄膜，在花生幼芽顶土时可用刀片在幼苗处划一“十”字形开口，破膜放苗，并用湿土将幼苗四周的薄膜压实，以免漏气降温。待花生齐苗后应及时查苗补缺，确保全苗。

（五）适时揭膜

目前在无大量使用光解膜或微生物降解膜的情况下，应于花生结荚期及时揭膜，以免影响荚果发育和造成烂果。覆膜花生的成熟期比露地要早，应注意适时收获。

地膜覆盖花生的其他管理措施参照露栽进行。

第七节　夏花生耕作栽培技术要点

一、夏花生的生育特性

夏花生可分为麦套花生和麦后直播两种。据研究，麦套花生的生育期为126天，播种至开花时间较长，几乎占全生育期的1/3，但花针期特别短，只有15天左右，具有发苗迟、开花、下针集中的特点，在生育后期干物质积累，尤其是荚果，仍能维持较高的增长水平，其荚果干重增长最快的时期在播后95天，单株日增重达1.21g；而春播花生播后109天才达高峰，单株日增重只有0.56g。麦套花生在后期荚果干重增长迅速，干物质分配率高，后期不早衰，从而弥补了生长期短的缺陷。另据观察，麦后直播花生，生育期短，约115～125天，但由于麦后直播花生与小麦无共生期间的相互影响，其前期生长速度快，出苗后16天就进入始花期，始花后25天达盛花期，有开花早、增长快、时间短的特点，夏直播花生前期干物质积累迅猛，生殖生长加速形成，中期稳长，后期健壮不早衰，经济系数高，是夏直播花生能获得高产的理论依据。

二、高产夏花生的耕作栽培技术

（一）麦套花生的技术要点

1. 选择适宜的套种方式。在水肥地，多采用大垄宽幅果播覆膜的套种方式，即在种麦前先起垄，垄宽60cm，沟宽40cm，在沟内种3行小麦，小麦行距20cm。垄上可撒播3行菠菜或种2行蒜苗。第二年春天，菠菜、蒜苗收获后整地施肥，然后播2行覆膜花生；在一般麦田多采用平作套种，小麦行距40cm以下，等行距种植，不起垄，花生套于小麦行间或在小麦播种时，每40cm种3行小麦，留40～50cm预留空行，将来种2行花生，形成宽窄行种植。郑州市农科所通过试验，采用20×10cm的高密度单粒带壳套种方式，即按麦垄在行间套种，连套4行空1行，每亩密度为2.5万～3.3万株，可比一般套种方法增产20%以上。

2. 品种选用。麦套花生，小麦与花生有较长的共生期，相互间有影响。因此，为减少其相互影响，小麦宜选用增产潜力大的中、早熟品种，如豫麦10号、西安8号、徐州211等。花生宜选用中熟直立大果型品种，如海花1号、鲁花9号、花28、冀油4号等，以充分发挥中熟大果型品种的增产优势。

3. 播期和密度。大垄宽幅果播覆膜的可在4月中旬播种；平栽有预留行的，可在5月上旬播种；平栽无预留行的，可在麦收前15～20天套种。密度比春播应适当增加，每亩1～1.2万穴为宜。

4. 田间管理。麦套花生不易全苗，因此，保苗是关键，在全苗的基础上，着重前期管理，促苗早发，应在麦收后及时灭茬，除草保墒，结合中耕亩追尿素10～15kg、过磷酸钙30～50kg、硫酸钾或氯化钾5～10kg。

（二）麦后直播花生的技术要点

1. 抢时早播

麦后直播花生要获得高产，全生育期需保持在120天左右。据山东鲁南地区试验，夏直播花生在6月10～25日，每晚播一天，减产4.25～8.25kg/亩。因此，夏直播花生在小麦收获后应抢时早播。北方花生区麦后直播的，播期最迟不应晚于6月20日。

2. 覆盖薄膜

由于夏花生生育期短，热量不足，为增加夏直播花生生育期间的有效积温，满足花生生长发育对温度的需要，应覆盖薄膜。据试验，夏直播露地栽培的产量为181kg/亩，而夏直播覆膜的亩产可达306kg/亩，增产63.5%，效果十分显著。

3. 品种选用

小麦宜选用适应性强的中、早熟高产品种，如豫麦18、鲁麦7号等。花生宜选用中、早熟大果型或中果型高产品种，如豫花2号、鲁花10号、花37等。

4. 矮化密植

夏直播花生生育期短，单株生产力低，要获高产，必须依靠群体的增产优势，以密取胜，但若增加密度则易造成田间郁蔽，使植株生长纤弱，容易倒伏。因此，密植需结合矮化株高进行，实行矮化密植也是麦后直播花生获得高产的重要措施。种植密度以1.2万～1.3万穴/亩为宜，在始花后30天左右喷施50～100mg/kg的多效唑，控制株高，防止倒伏。

5. 加强管理、促控结合

麦后直播花生前期生长快。因此，应加强水肥管理，促苗早发，增加前期有效花量，中期保稳长，后期防早衰，促进光合产物向荚果中运输，提高粒重。

第六章　无公害甘薯的种植

第一节　产地环境、地块选择与整地

一、产地环境

应符合 GB/T18407.1—2001 无公害蔬菜产地环境要求。主要条件是远离主要交通干线，周边 3km 无污染源，灌排水系配套，地势平坦，土层深厚，通透性好的地块，3 年内未种过棉花（见表 1）。

表 1　产地景观环境指标

项目	指标
高速公路、国道≥	900
地方主干道≥	500
医院、生活污染源≥	2000
工矿企业≥	1000

二、地块选择

甘薯的适应性强，对土壤要求不严，但由于甘薯是块根作物，地下结果，要求土壤具有以下条件方可高产、稳产：土壤疏松、土层深厚、地势平坦、结构良好、排水方便、通气。土壤有机质含量大于10g/kg、碱解氮含量40mg/kg以上、速效磷含量15mg/kg以上、速效钾含量100mg/kg以上、土壤全盐含量低于1g/kg，尤其是沙质土壤和沙性土壤最为适宜；这种土壤，既有利于根系的生长发育，根系分布深广，根量增加，也有利于土壤微生物的活动，促进土壤养分的分解，提高根系对水肥的吸收能力，特别是对钾的吸收；能促进块根的膨大，使地上部的光合产物顺利向地下部输送，避免地上部因光合产物积累而影响光合作用的顺利进行，使地上、地下部分的物质分配得到合理的调节，有利于提高块根的产量；这种土壤，因通透性好，块根形状匀整，薯皮光滑，品质好，耐贮藏。但这类土壤要注意增强供水供肥的能力，才能实现优质高产。黏土，虽保水保肥力强，肥力较高，但透水性差，排水不良，甘薯茎叶容易疯长，产量低，品质差，必须改善土壤结构，才能获得高产。

甘薯耐酸碱能力较强，在土壤pH4.2～8.3的范围内都能生长，但以pH6.1～7.7最适宜。甘薯还具有一定的耐盐力，在含盐量不超过0.2%的土壤种植，仍能获得较高的产量。

三、整地

（一）深耕

深耕可以加厚松土层，熟化底土，降低土壤容重，改善土壤通气性，增加雨水渗透，扩大根系分布，提高抗旱能力，并有利于微生物活动。对甘薯地块，耕翻深度以25～30cm为宜。

（二）起垄

起垄栽培的好处是加厚松土层，比平栽接受日光的面积大，能提高地温，有利于排水，土壤通气性好，有利于块根膨大。但在地下水位低和沙土易受干旱的田块应采用平栽或低垄栽培较好。夏薯的茎蔓较短，垄宽 65cm 左右，垄高 23cm 左右为宜。春薯的茎蔓较长，垄宽 75cm 左右，垄高 33cm 左右为宜。单在排水不良的地块可采用大垄双行的方法，垄宽 120cm，垄高 50cm，垄顶宽 40cm，以利排水防涝。

四、培肥地力、施足基肥

甘薯具有耐瘠特性，但其生长期长，吸肥力强，消耗土壤中养料多，因此必须施足基肥。施足基肥既能补充各种营养元素又能改良土壤，培肥地力。

基肥的种类很多，一般在氮肥充足的地块宜使用土杂肥、炕洞土、草木灰、过磷酸钙等含氮较少的肥料，有利于控制茎叶徒长。而缺氮严重的沙土，茎叶生长不良，要增施猪圈粪、塘泥或人粪尿等含氮较多的肥料为基肥，有条件的地方施用绿肥效果更好，施用大量腐熟的秸秆或杂草沤制的土杂肥为基肥也很不错。这些肥料养分全，肥效长，肥劲稳，而且含氮少，含钾、磷多，施入土中与土壤完全混合后可创造土壤团粒结构，使土壤疏松，增加土壤通气性。能协调甘薯地上部与地下部生长的矛盾而取得高产。每 667m^2 施基肥的量因不同地力和不同种类的有机肥而不同，大致范围为每 667m^2 施有机肥 2500～4000kg。

施用方法为深层施肥与分层施肥相结合，粗肥深施与细肥浅施相结合，迟效肥料与速效肥料相结合的方法。由于甘薯根系多集中分布在 25～30cm 土层内，所以基肥要施在 25～30cm 深的土层上，以利于根的吸收，尤其磷肥要深施。

第二节　品种选择与种薯处理

一、品种选择

甘薯品种很多，品种之间产量差异很大，薯块的品质也各有不同。根据甘薯的用途不同，要求栽培相适应的品种。因此，选用良种是甘薯高产栽培和提高薯块品质的重要环节。在生产上，要依据以下三方面的因素来选用相应的高产优质品种。

（一）根据不同季节，不同茬口选用品种

长江流域春薯生长期长，前期温度较低，品种在前期较低的温度条件下，薯苗生根力强，茎、叶早发，结薯早，前、后期膨大速度快，块根产量潜力大，茎、叶不早衰，能充分利用较长的生长期，提高产量。如栗子香、南京92、新大紫等品种比较适宜春栽。夏薯生长期较短，前期高温、多湿，在此条件下茎叶不徒长，块根形成早，膨大迅速。如宁薯一号、一窝红、52—45等品种适宜夏栽。秋薯生长期更短，为了充分利用季节，获得较高产量，适于栽种茎叶生长迅速、结薯较早、膨大较快的特早熟品种。如宁薯二号，可作早熟的秋薯栽培品种。

低纬度的华南地区，温度条件较好，周年可以栽培甘薯。春、夏薯生长过程中，温度由低到高，长期雨多湿重，特别是夏薯基本上都处在高温、多湿的季节，栽培品种要选用具有较强的耐热、耐湿特性，且在高温多湿的条件下茎叶不徒长，块根发育正常的早熟品种。秋薯生长期的温度由高到低，雨量由多到少，秋薯品种要具耐热、耐旱和早熟等特性。冬薯生长期的温度先高后低再高，雨量由少到多，要求品种有分枝、结薯早、耐旱及抗寒力强等性能。

（二）根据不同栽培条件选用品种

土、肥、水条件不同，适宜栽培的品种也不同。瘠薄旱坡地宜选用耐旱、耐瘠品种；地势低洼地区，要选用耐湿性强、茎叶不易徒长、薯块短期在水渍地也不会腐烂的品种，如51—16等品种；在肥力较高条件下，要选用茎叶不易徒长的耐肥品种，如湘农黄皮、丰收黄、宁薯一号、丰薯一号、丰收白、汕薯一号、湛64—283、烟薯一号等。土质不同选用品种不同，碱地栽植，可选用一窝红、北京16号等。甘薯发病区，要选用薯蔓粗短，株型紧凑，结薯部位集中，薯块大小均匀，薯皮损伤易愈合的品种，如一窝红、晋薯25号、白骨企龙等。

（三）根据不同用途选用品种

甘薯的用途不同，质量要求也有差别，栽培品种就不同。食用品种选用养分含量高，如淀粉、蛋白质、维生素等纤维少、食味香甜、耐贮藏、晒干率高且晒干后洁白的品种；用于工业原料的品种，主要要求淀粉含量高、蛋白质、糖分、纤维等含量低，收藏后糖分转化慢的品种；饲料用的品种，要求茎叶茂盛，再生力强，生长快，叶大无苦味，薯块产量高，蛋白质、淀粉、胡萝卜素等含量均高，并适于青贮的品种。

（四）常用品种介绍

1. 高淀粉甘薯品种：脱毒徐薯18、鲁薯7号、南薯88等。

2. 烘烤用甘薯品种：脱毒北京553、湘农黄皮等。

3. 蒸煮用品种：徐薯34、鲁薯8号等。

4. 果脯用品种：商52—7、苏薯8号等。

5. 茎尖菜用品种：尚志12、莆薯53等。

6. 药用品种：西蒙1号等。

二、种薯处理

(一) 选留种薯

1. 具有本品种特征，纯度好：主要从种皮的颜色、种皮的薄厚、根眼的多少、种薯的形状等判断。

2. 大小适中：大薯块含养分较多，出苗粗壮，但大薯的单位重量出苗数较少，小薯则相反。一般以150～200g的薯块做种薯比较适宜。

3. 无病害：若受冷害和破伤，这样的薯块出苗慢而少，且苗易得病，苗弱小，应剔除。

(二) 种署处理

1. 温汤浸种

精选无病斑的种薯放在筐内盖好，把缸内水温调至56℃～58℃，随即把薯筐放入缸内，使水面没过种薯，并上下提动薯筐，使水温均匀一致，将水温降到51℃～54℃，浸种10min，(防黑斑病、茎线虫病) 然后取出种薯，立即摆入苗床。

2. 药剂处理

用50%多菌灵可湿粉500倍浸种3～5分钟，晾干入窖 (防黑斑病、软腐病、冻害) 或用70%甲基托布津可湿粉500～700倍液浸种薯 (防黑斑病等)。

第三节　育苗

一、甘薯的繁殖方法

甘薯植株各个部分再生能力很强，其繁殖方法分有性繁殖和无性繁殖两种。

（一）有性繁殖

系用种子进行繁殖，由于甘薯遗传性复杂，一般实生苗后代会出现复杂的分离现象，除用于选育新品种外，目前尚难在大田中直接应用。

（二）无性繁殖

1. 薯块繁殖分育苗和直播两种

（1）薯块育苗。利用薯块萌芽培育出新苗，剪取新苗栽播于大田，或将薯苗假植于采苗圃中，再剪苗栽插。由于块根的养分丰富，又潜伏很多不定芽，在良好条件下，可以获得大量的壮苗。且块根繁殖能保持优良品种的特征特性，故这种繁殖方法应用最为普遍。

（2）薯块直播繁殖。利用小型薯块直播于大田。此法又可分成两种：一种是用小型薯块进行浅直播，经过培育，利用根体内部形成层的继续活动和积累养分，使母薯自行膨大。这种做法，北方称为“窝瓜”；另一种是小型薯块浅直播后，控制母薯膨大，利用母薯上的不定根膨大成薯（子薯），称为“窝瓜下蛋”。

2. 茎蔓繁殖

利用上季大田生长的茎蔓直接栽播于大田进行繁殖，或育成新苗栽插于大田。

二、甘薯块根的萌芽习性

甘薯块根具有很强的根出芽特性，薯块不定芽是从不定芽原基萌发出来的，形成和膨大过程中，块根各部分薄壁组织都可以分化产生不定芽原基，但主要产生于中柱鞘部位，形成的不定芽原基潜伏于周皮（早期在皮层）之下，在适宜条件下，不定芽原基不断发育，最后突破周皮萌发长苗。通常不定芽原基生在块根侧根旁，故不定芽多自块根的根眼部位伸出。

块根萌芽多少和速度，因块根的大小、品种特征、薯块的部位、贮藏条件和育苗方法的不同而异。在一般的条件下，不定芽原基的萌发率是30%～50%。

不同品种萌芽的快慢差异很大。通常情况下，萌芽快的品种出苗多，萌芽慢的品种出苗少。

薯块的不同部位其不定芽原基数量和质量都有差别。另外，同一块根“阳面”（靠近垄边的薯面），空气和温度等条件有利于块根内部形成层的活动，使该部位不定芽原基分化发育基础较好，萌芽性状较好；相反“阴面”的不定芽萌芽的性状较差。同样道理，接近地表结薯的萌芽性状，亦较深土层结的薯为优。

贮藏条件的好坏，直接影响到种薯的质量，关系到育苗的成败。种薯贮藏期间受冻、染病、长期高温、缺氧都会大大降低种薯质量，轻者出苗少而慢，重者造成烂床死苗。

薯块在萌芽过程中，呼吸作用增强，薯块内淀粉迅速分解为糖，供呼吸消耗作用于幼芽组织的建成，从而大量消耗块根中贮藏的有机物质，使块根变松软，呈海绵状。

三、影响甘薯发根、萌芽的外界因素

温度：在育苗过程中，床温和气温与薯块萌芽出苗关系最为密切。苗床土温在 20℃以上时，不定芽原基开始萌动，温度在 16℃～35℃范围内，温度越高，出芽越快，这是因为随着温度的升高，呼吸作用旺盛，酶的活动加强，不溶性物质转化为可溶性物质的过程加快，芽的数量越多，幼芽则越弱。一般认为 30℃～32℃是甘薯萌芽的最适温度。气温在 35℃以上，有抑制发芽和薯苗生长的作用，38℃以上薯块容易腐烂，40℃以上短期内就会烂芽烂种。在育苗过程中，用前期高温催芽，中期平温长苗，后期低温炼苗的措施，培育足够的壮苗。

水分：水分是影响甘薯发根、萌芽的重要因素。甘薯萌发需要充足的水分。江苏徐州地区农科所研究，在室温 32℃以下，相对湿度在 80%～90%的甘薯早期萌芽数，要比 70%相对湿度下多出 50%以上。在温度条件能满足萌芽的情况下，床土湿润，先长根后长芽，幼芽生长迅速；床土缺水，仅萌芽不发根，且幼芽和幼苗生长都慢。床土过湿，土温降低，块根萌芽延缓，甚至易烂种；床土过干，幼苗根少，苗弱，且易老化，苗质差。一般萌芽期保持床土相对湿度 80%左右，薯皮上始终以湿润为宜，薯苗生长后期，床土相对湿度维持在 60%左右有利壮苗。

光照：光照强弱对薯块的萌芽没有直接影响，但影响床温。光照强，床温高，促进发根萌芽。出苗后，光照则直接影响薯苗的生长，光照不足，光合作用降低，物质积累减少，幼苗变黄、变弱，生长缓慢。

养分：育苗前期所需的养分，主要由薯块本身供给，幼苗还没有完善的根系从床土中吸收养分，薯苗长出新根后，吸收床土中的养分逐渐增多。育苗需要最多的养分是氮素，因此，在下种前，一般以腐熟的牲畜粪作基肥，当采苗2～3次后，适量追施速效氮肥。

氧气：薯块萌芽和幼苗生长都需要充足的氧气。如氧气不足，薯块呼吸作用受阻，萌芽缓慢或不能出芽，长期缺氧，会造成薯块腐烂。

此外，一定的理化刺激亦可促进薯块的萌芽。如温汤浸种，不但可以防病，而且可以促进酶的活动；切块育苗，削弱了“顶端优势”，对薯块中、下部不定芽有促进作用并可促进气体交换；生长素（如2，4-D、赤霉素等）处理等方法都能促进薯块早萌芽、多萌芽。

四、育苗方式和技术

（一）薯块育苗

甘薯块根育苗的方法很多，根据苗床加温与否可分为冷床和温床两大类。在温床育苗中，又因热源种类不同而分为多种。在冷床育苗中，依据覆盖塑料薄膜与否，又可分为塑料薄膜覆盖育苗和露地育苗两种。近年来各地还创造了很多育苗的新方法，如生物热源等，其目的都是为了提早出苗，提高种苗繁殖系数，降低成本，提高种苗质量。

1. 苗床选择

背风向阳排水良好靠近水源，无薯病的土壤及粪肥，管理方便。

2. 北方主要苗床类型

（1）人工加热型

利用较多的是回龙火炕，这种苗床的温度比较均匀，保温性较好。火炕设有三个烟道，中间为去烟道，两边是回烟道，热源是木炭、柴草或电等。

（2）生物热源

利用微生物分解纤维素的酿热温床，一般在育苗前期温度较高；后期温度较低，采苗数量比火炕少，苗床管理比较方便，注意在选择酿热的时候要不带病菌。

（3）太阳能辐射热源

如太阳能贮温冷床育苗，其建造方法与酿热温床相似，但不加酿热物，其上覆盖塑料薄膜，完全靠太阳能加热。

3. 培育壮苗

（1）育苗时间

当气温稳定在 8℃～9℃时，即可开始育苗（大约在栽前一个月）。华北中部在 3 月底到 4 月初，辽宁省约在 4 月 10 日。

（2）床土配制

床土用无甘薯病害的沙质壤土两份与腐熟的有机肥一份混合均匀，筛细后填入苗床，厚度以 8～10cm 为宜。填入苗土后，撒施尿素 $50g/m^2$，以促进秧苗生长。

（3）排薯方法

一般每平方米排种约 20～25kg。种薯多采用斜排法，种薯头尾相压不超过 1/4，排种后盖细沙约 5cm 厚，然后喷水湿透床土。

（4）苗床管理

①从排种到出苗阶段。高温催芽，以催为主，促进种薯萌芽。在排种薯前 1～2 天浇水或加盖地膜，使床土温度上升到 32℃左右开始排种，保持 32℃床温 3～4 天，种薯开始萌芽时

再使床温上升到35℃～36℃（最高不宜超过38℃），保持3～4天。抑制黑斑病菌活动，增加种薯抗病性。然后把床温降至31℃直至出苗。种薯上床时浇足水，幼芽拱土前一般不浇水。

②出苗到炼苗阶段。催炼结合，使秧苗生长快而壮。种薯出苗后把床温降到28℃左右，当苗高10cm时把床温降到25℃左右，并结合揭开草帘晒苗，促使秧苗生长健壮，并注意白天揭膜通风降温，防止烈日烤苗，夜间加盖草帘保温。这期间，一般每天要浇水一次，以保持床土湿润、采苗前2～3天为了锻炼秧苗，把床温降到20℃左右，停止浇水，进行蹲苗，并注意逐渐揭膜炼苗，防止引起嫩叶枯干。

③采苗阶段。当苗高达20cm以上时，要及时采苗，以免捂坏小苗和减少下一茬的采苗数量。在采苗的当天不要浇大水，以利种薯伤口愈合。采苗后可少量喷水，采苗后一天浇水时可结合施尿素50g/m^{2}催苗。并盖膜升温到32℃～35℃，促使秧苗生长，约过3～4天后，又转入低温炼苗阶段。

（二）薯蔓育苗

薯蔓育苗有老蔓育苗和蔓尖越冬育苗。老蔓育苗是从晚薯田剪苗，经冬季假植育苗后，供次年早薯田栽插，以后晚薯又从早薯田直接剪苗栽插。华南地区较多采用。育苗规格是采剪壮苗26cm左右，假植于背风向阳肥沃的苗床。垄栽，每亩栽2万株左右，盖草或盖薄膜防寒，加强水肥管理，每亩苗圃可供次年数十亩大田用苗。此法节省种薯，但易退化减产，还易引起混杂和加重病虫害。因此，每隔2～3年需用薯块育苗进行一次更新。下面重点介绍蔓尖越冬育苗。

蔓尖越冬育苗即在冬季较寒冷地区，收获前在薯田剪取壮苗顶梢栽插在苗床内保温越冬，次年进行多次繁殖后剪苗供大田栽植。这种育苗方法能省种、早栽、苗质较好，也可用来加速良种繁殖。但管理费工，尤其是低温越冬期管理更需精细。这种育苗方法在华南、华东、山东、河北、湖南、江苏等地都有推广。其技术要点如下：

1. 床地的选择与做床。苗床地宜选择背风向阳、管理方便的地方。床长 5～10m、宽 1～1.3m，四周筑 20～23cm 宽的土墙，北墙高 50～67cm，南墙高 23～33cm，在南墙中央留一测量温度用的小洞。在四周土墙开一压膜小槽，确保压膜严紧。床土深翻 20～23cm，每床施用 100～150kg 优质腐熟的堆肥，然后用土拌匀、整平，即可栽插。覆盖塑料薄膜后再盖草帘保温。在北方薯区亦有先在床底填入 33cm 厚的酿热物，再按上法施肥整平栽插。

2. 薯蔓的选择。选蔓要坚持去杂苗、去退化苗、去病苗，选节密、蔓粗、浆汁多、无病虫的蔓尖作种苗。截取 20～23cm，留上部 3 片叶，其余连叶柄全部剪掉，随剪随栽不过夜。

3. 栽插。通常以薯苗不受霜害为确定栽插期的依据，过早薯苗易徒长，过迟薯苗易受霜冻，也不易发根。一般四川、湖南等省以“霜降”至“立冬”为宜，华南地区还可推迟一个季节，北方薯区还应提前一个季节。

栽插行距 10cm，株距 6.7cm，开沟直插入土 2/3，覆土压实、浇定根水后，盖塑料薄膜。

4. 苗床管理

(1) 栽插初期，要求“促根、控苗”。栽插后半个月内，要求床温保持 17℃以上，促进早长根、多长根。长出两片新叶后要揭膜通风，把床温降至 15℃左右，进行炼苗，控制薯苗生长，使叶片肥厚，茎蔓坚实，不留嫩尖，增强抗寒力。

（2）越冬期。在12月和1月份（北方的时间范围大一些，南方窄一些），是决定薯苗越冬成败的关键时期，必须做好保温、透光和排湿工作。

保温：要千方百计保持床温在10℃以上，低于10℃时要加盖草帘和薄膜，严防冷空气侵入床内。

透光：长期盖薄膜和草帘，严重缺少阳光，易使薯苗枯黄致死。因此，在晴天，每天中午揭去草帘，透光4～5小时，下午3～4点钟再盖上保温。即使阴雨天，每天也要透光1～2小时。

排湿：长期盖薄膜，膜内湿度很大，易造成种苗腐烂，也不利保温、透光。因此，在无风的晴天，于中午揭膜排湿，揭膜时间，以达到排湿目的即可。此外，苗床四周挖深沟，降低地下水位，也有利降低床内湿度。

（3）回暖期。立春或雨水之后（北方迟些，南方早些），气温逐渐回升，越冬薯苗开始恢复生长。要求把床温提高到20℃以上。气温在18℃以下时，白天揭去草帘，夜晚覆盖。气温稳定在18℃以上后方可除去草帘，并根据实际情况，揭膜晾晒。同时要加强追肥和浇水，争取早出苗、多出苗。

“春分”左右，剪苗以扩大繁殖。在苗圃每剪一次苗后，第二天施肥一次。

第四节　大田耕作栽培技术

一、垄作

垄作甘薯的栽培方式有平栽和垄栽两种，而以垄栽优越。

垄栽的好处是：增厚土层，扩大根系活动范围，疏松土壤，扩大表土与空气阳光接触面积，利于气体交换和提高土温，增大昼夜温差，还便于排灌，为甘薯块根形成和膨大创造良好的水、肥、气、热的土壤条件，是甘薯生产的一项重要措施。

垄的大小应根据地势、土质、种植季节、种植方式、生长期及品种等具体情况而定。

保水力强的黏土、地下水位高的低地、栽植期处于多雨季节，垄宜高、宜窄；在保水力差的砂土及易受旱的地区，垄稍宽、稍矮；生长期短或单行植的，垄可稍窄、稍矮。目前，各地垄作规格都有差异，华中地区垄距一般较华南地区小，多为1m左右，垄高33cm，垄面宽33cm。每垄种双行。华南秋薯区，一般早秋薯的垄距1～1.1m，垄高24～30cm，垄面宽30cm，单行植为宜。冬薯垄距1.2～1.20m，垄高30cm，垄面宽30～36cm，双行植较好。长江流域有些省区改小垄单行为高垄双行栽植，垄距1.2m，垄面宽36cm，垄高36cm，均取得一定的增产效果。

二、合理密植和栽插

（一）合理密植

甘薯合理密植就是因地制宜地确定适宜的栽插密度，构成合理的群体结构，最大限度地利用地力和光能，以充分发挥群体的生产力，提高单位面积产量。甘薯单位面积产量是由株数、株薯数和薯重三方面因素构成的。在一定密度范围内，单株薯数和密度呈负相关，单株薯重与密度呈负相关。但与单位面积的总薯数呈正相关。栽插过密，单株营养面积小，根系发育差，封垄过早，叶片重叠遮阴，光合效能低，个体生长抑制大，虽然单位面积总薯数有所增加，但薯小，产量低，薯质差。栽插过疏，单株结薯数和薯重都增加，但封行过迟，群体对光能和土地利用率低，单位面积的总薯数少，产量也低。因此，合理密植，必须达到协调单位面积的株数、株薯数、薯重的关系才能获得高产。

甘薯栽插密度应根据品种、土壤肥力、肥水条件、栽插期、栽插方法和栽培的用途来确定。一般短蔓品种、早熟品种或长势弱的品种宜密些。土壤肥力低、容易干旱或生育期短的夏、秋薯，以及温度较低、生长缓慢的越冬薯，均不利于个体发展，就应更多地依靠群体，以较大密度争取较高的产量。短蔓直插，入土节较少，单株结薯少，适当增加密度以争取足够的薯数，才能获得高产。长蔓水平插，入土节数多，埋土又较浅，单株结薯数较多，栽插密度可稀些。作饲料以茎叶为主的，可栽插密些。

甘薯栽插密度的大小，都是相对而言的，随着生产条件的改变，将会有所变动，而且较稀与较密各有与它相适应的耕作栽培技术。目前，长江流域生长期较长的春薯，每亩以 4000 株左右为宜，而生长期较短的夏薯多插植在土质瘠薄的坡地，每亩密度增加至 5000～6000 株。秋薯生长期更短，每亩可插 6000～8000 株。华南地区甘薯栽插密度一般每插亩 3000～5000 株。春、夏、早秋薯较稀，一般每亩插 3000～4000 株。晚秋薯和冬薯较密，一般每亩插 4000～5000 株。

（二）栽插

1. 栽插期：适时早插是甘薯增产的重要环节。甘薯块根膨大没有明显的终结期，在适宜块根膨大生长的时期内，适时早插，可延长甘薯的生长期，以提高甘薯的产量。且适时早插，还能充分利用前期的有利气候条件，使块根早形成、早膨大、增加块根的膨大时间。长江流域的夏薯早插，可增加秋旱来临之前的生长时间，华南南部的冬薯早插可增加冬寒来临之前的生长时间。由于甘薯生长前期有较长的时间发根、长苗，这既促进块根发育，又提高抗旱或抗寒的能力，使个体发育健壮。适时早插，甘薯的同化物质运输和淀粉积累都较充分，能提高薯块淀粉含量和出干率，提高薯块的品质。

甘薯的栽插期主要根据温度、水分和耕作制度等条件来确定。春薯须在表土 5cm 处的日平均土温为 16℃左右时才宜栽插，具体栽插时期因地区而异。长江流域在 4 月中、下旬，华南地区一般在 3～4 月间栽插。

温度不再是夏、秋、冬薯栽插的限制条件，而前作物收获期是其主要的限制因素，在前作物收获后及时整地栽插，以获得较长的生长期。在淮河以北的地区，夏薯栽插期约在 6 月上旬到 7 月上旬，淮河以南的地区在 5 月下旬至 6 月上旬，而华南地区一般在 5 月～6 月。秋薯的栽插期，在华南地区，如前作为早稻或花生，在 7 月～8 月间栽插。如采用“早稻套种黄麻晚秋薯”种植制度，则在 8 月下旬至 9 月上旬栽插。华中、华东南部的秋薯区，一般均在早稻收获后 7 月～8 月间栽插。华南地区的冬薯一般在 11 月上旬栽插，力争早插，“结薯过冬”是高产的关键。

华南地区 7 月份栽插的秋薯，栽插期间正值高温、多雨季节，茎叶生长旺盛，结薯数较少，薯块迅速膨大期推迟，尤其是在肥料充足、土壤肥沃的情况下，更为明显，但由于延长了有效生长期，且有繁茂的蔓叶基础，生长后期块根膨大迅速，只要品种选择得当，就能显著增产。华中南部和华东南部的秋薯和华南的晚秋薯，栽插后一个月左右气温逐渐下降，雨水减少，日夜温差大，结薯早而多，且极适宜块根膨大，但对茎叶生长有抑制作用，往往有效生育期缩短，单株产量较低，需适当增大密度，方能获得高产。

2. 选苗：选用壮苗是苗全、苗壮、苗匀的基础。壮苗的叶片大而厚，叶色浓绿，节间较短而匀，乳汁多，老嫩适度，百株苗重和干物率较高，没有病虫危害。插后发根、缓苗快，分枝、结薯早，薯块膨大快，产量高。弱苗则相反。老化苗乳汁少而不浓，节密、叶小，组织老化，栽后发根、生长及结薯均较差。一般弱苗、老化苗和病苗均不用于生产。

长蔓的各段苗质不同，一般顶部苗最好，中部次之，基部最差。顶部苗组织幼嫩，节间较密，分生力强，木质化程度小，发根、缓苗快。基部苗则相反，生产上一般不适用。

一般苗长 21～24cm 就可割苗，随割随插，保持薯苗新鲜，有利发根、缓苗。割苗宜在露水干后或晴天下午进行，这些薯苗含水量少，乳汁浓，栽插成活率高。

3. 栽插方法：栽插时，薯苗入土深度和入土节数对薯苗成活和块根的形成有很大影响。土表下 5～8cm 处的土温较高，通气好，温差较大，有利于发根结薯和薯块膨大，因此，栽插深度以 3～9cm 最有利。砂土宜深些，黏土可浅些，但在干旱地区不论何种土质和栽插法，都应适当栽深一些，以利成活。薯苗入土节数越多，空节也多，产量不一定高，一般一根 6～8 节的薯苗，入土 4～5 节即可。插苗后覆土压实土壤，使苗与土密接，以利发根缓苗。但黏重湿土覆土后不宜压实，否则土壤板结，反而不利成活。最好浇透定根水，以利成活。

甘薯栽插的方法很多，有直插、斜插、水平浅插、改良水平栽插、钓钩插等。

（1）直插：薯苗长 15～24cm，有 4～5 节，将薯苗垂直插于土中入土 2～3 节，露出 1～2 节。此法薯苗入土深，抗旱力强，适于山地土层较浅而干旱的地区。但入土各节在土中的深浅不一，最下的节处在土质较黏、透气较差的条件下，常不能结薯，而多在近地面的 1～2 节结薯，且薯块少而小。产量较低。

（2）斜插：薯苗长 21cm 左右。将薯苗倾斜插入土中，露出 2～3 节，入土 3～4 节。斜插既能抗旱又易成活，山岭坡地或砂土地等均可采用。此法易插、省工，靠近土表结薯大，下部结薯少而小，薯块大小不均匀，但单株结薯数比直插多且较大。如能合理密植，即可获得高产。

（3）水平浅插：苗长 21～24cm。先在垄面开 4.5cm 左右深的小沟，将薯苗水平放入沟中 3～5 个节，然后覆盖上深浅一致的土，压紧后，外露 2～3 个节，使叶片多数在土外。此法薯苗入土浅，入土节数多，各节都处在有利于结薯的土层。因此，结薯多，薯块大小均匀，条件好和管理水平较高的地区还能充分发挥它的优势，增产潜力大。但抗旱力差的薯苗，在干旱或粗放栽培条件下，易造成缺苗。

（4）改良水平栽插法：与水平浅插相似，所不同的是薯苗较长，栽插时先把薯苗基部插入土中，然后按水平浅插法覆土。特点是既保持水平浅插的优点，又提高抗旱能力，但栽插费工。

（5）钓钩插法：开穴栽插时，先把薯苗放在穴中，然后施基肥和覆土，结果薯苗在土中呈钓钩状。薯苗入土较深，抗旱力较强，故宜在干旱地区采用此法。

三、田间管理

（一）查苗、补苗

甘薯栽插后 3～4 天即应查苗，如发现缺苗，必须补插，以保证全苗。补苗要早，并要选用壮苗，在阴雨天或晴天午后进行，补苗后要浇透水并及早追肥，以利于早发根、缓苗和尽早长蔓，使薯苗生长均衡。

（二）中耕除草

中耕对甘薯根系、茎叶及块根生长和产量有很大影响。在生产上，中耕都结合除草。中耕除草的时间多在插后十余天至封垄前，一般进行 2～3 次，每隔 10 天左右中耕一次，中耕深度，原则上是“前深后浅，上浅腰深，脚不破土”。即第一次中耕，根系还不发达，中耕可深些；随着甘薯的生长，根系逐渐发达，且薯块已形成并逐渐膨大，中耕要浅些，否则易伤根。垄上部根系多，中耕要浅。垄头附近只需刮破地皮，以免伤根。垄腰和垄脚土壤环境差，根系少，中耕可以深一些，改变中下部的土壤环境，促进根系的发育。一般是垄面浅锄，垄脚重挖 15cm 深，18cm 宽，挖后培成原状。

（三）追肥

根据甘薯的生育特点和各地的实践经验，甘薯追肥一是早追肥，大部分肥料要在茎叶盛长前期施下；二是掌握“两头轻，中间重”的原则，即发根、分枝、结薯期、薯块盛长期宜轻施，蔓薯盛长期施肥，块根“定型”并开始膨大时重施；三是要根据苗情施肥。

1. 苗肥：在发根、定苗期施用，促进甘薯发根、缓苗，使分枝快，结薯早，结薯多，在基肥不足或低温干旱情况下更为重要。苗肥要早施，一般在栽后半月结合第一次中耕除草施用速效肥，一般每亩用稀人粪尿 750～1000kg 或氮素化肥 2.5kg，小株多施，大株少施，促使全田均匀生长。条件不同，施用苗肥时间和数量也不同。栽插期间土壤干旱，苗肥要在栽后 3～7 天施，兼有抗旱作用。在华南早植秋薯，苗期高温多雨，在基肥充足，茎叶生长快的情况下，宜不施或少施苗肥，以免茎叶徒长，影响结薯。一般认为，栽插后 20 天左右只有顶芽伸长，而没有分枝生长，是缺氮的表现，要及时追肥。

2. 壮株结薯肥：在分枝结薯期施用壮株结薯肥，可促进早分枝、早结薯、多结薯。一般在栽后 30 天左右，结合第二次中耕除草，每亩施稀薄人粪尿 1250kg 或氮素化肥 7.5kg，增产效果显著。地力差或干旱地区还可提前到插后 20 天施用。但在水、肥条件较好的地块遇高温、多湿季节，追肥过早、过多，还会造成生长过旺，阻碍养分向根部运输，反而推迟结薯。

3. 长薯肥：甘薯进入茎叶盛长期，茎叶迅速生长，块根也不断膨大，及时供给足够的养分既可促进茎叶旺盛生长。适时地达到生长高峰，又能增加光合产物，促进块根膨大，此时期所施的肥称长薯肥或促薯肥。这时期重施长薯肥，增产效果相当显著。

（1）夹边肥：栽插后 45 天左右，地上部已甩蔓下垄，薯块数基本定型，结合第三次深中耕，在垄的一侧，用犁破开 1/3，曝晒 1～2 天，重施肥料，再培土至原样，此时所施的肥称夹边肥。夹边肥大多施有机肥，通常每亩用腐熟土杂肥、厩肥2000～2500kg，高产薯田还加入饼肥15～20kg。如果施用速效肥，每亩施人粪尿2500kg或氮素化肥10～15kg。施夹边肥是中耕、除草、追肥、培土相结合的管理措施。在土黏、多雨条件下，能改善土壤物理性状，具有黏土通气、散湿、提温和增加土壤可供给养分等多种作用，对促进茎叶快长、稳长和催薯膨大有显著效果，一般可增产30%～40%，是甘薯增产的重要措施。

（2）裂缝肥：一般是在施用夹边肥后20～30天进行。此时，甘薯茎叶开始衰退，薯块迅速膨大，土表普遍出现裂缝。每亩用人粪尿500～750kg。从裂缝处浇灌，可达到养叶壮薯的目的。是否要施裂缝肥，应根据生长期和苗情而定，生长期长或茎叶早衰的宜及早施用。生长期短，基肥充足，茎叶生长一直正常可不施或少施裂缝肥。否则茎叶倒青，干扰同化物质正常分配状况，阻碍同化物质向块根转运，影响块根膨大速度。

（3）根外追肥：根外追肥即叶面喷施液体肥料，通过叶的气孔吸收。甘薯生长后期根系吸收力减弱，采用叶面喷施肥料也能达到养叶、壮薯的作用。方法是：在收获前40～45天，于晴天下午，用2%～3%过磷酸钙液、1%～2%的硫酸钾液或5%～10%草木灰溶液，每亩喷施75～100kg，每隔10～15天喷一次，共喷2～3次。对长势较差的可喷施1%尿素液。

（四）培土

经风吹、雨刷或中耕都会使垄土下塌，需培成厚垄。培土的目的是促进根系的伸展，防止露薯变质和病虫危害。因此，每次中耕除草都要结合培土。第一、第二次中耕培土结合清沟薄培，封垄前，结合施夹边肥，进行大培土一次。培土只要求培成厚垄，切忌培高加宽。埋得过高，就会使结薯节位处在通气差、地温低的土壤深层，不利块根膨大。同时，埋得过宽也影响薯块的生长。

（五）灌溉与排水

甘薯虽较耐旱，但如受旱则生长受抑制，必须及时灌溉。甘薯需水规律：在整个生长过程中，生长前期需水较少，中期需水最多，后期又趋少。甘薯栽插后，如遇天旱应及时浇水，小水穴浇，以利成活。茎叶生长初期，如土壤干旱，适当灌溉。进入结薯期后，要注意抑制水分，除沙质土遇旱灌半沟水（即灌即排）之外，黏质土一般不宜灌溉，防止茎叶徒长，不利结薯。如逢雨季，要疏通水沟，做到雨止沟干，以利块根形成；中期茎叶盛长，薯块也在膨大，需水最多，若遇旱，垄沟变干，在傍晚时分叶片边缘下垂，此时，需及时灌溉；后期块根迅速膨大，需水较少，土壤水分过多，则通气不良，茎叶倒青徒长，反而妨碍薯块膨大。但长期干旱也应适当灌溉，保叶、壮薯。这时期宜进行干湿交替排灌，即使土壤保持一天一湿。收获前 20 天内不宜灌水，否则块根含水多，品质差，不耐贮藏。

在生产中还可按植株生长状况掌握薯田灌排。如茎叶有徒长趋势时，应控制水分供应，以水控肥，控制徒长。在正常生长情况下，晴天傍晚叶片仍处在萎蔫状态，是植株已受干旱影响的表现，应及时灌水。

每次灌水达垄高的 1/2，水能渗至垄顶，即可排干，以防渍水。

高旱薯地，应做好保水、防旱工作，刚栽插的薯苗施夹边肥后，在垄面覆盖秸秆或干草等，可减少土壤水分蒸发。

(六) 提蔓

我国各地栽培甘薯多有翻蔓习惯，认为翻蔓能拉断不定根，控制茎叶徒长，促进养分向块根转运，并且便于中耕、除草，是有益的措施。但大量试验结果证明，翻蔓会招致减产，翻蔓次数越多，减产幅度越大。减产的原因是多方面的，翻蔓造成茎叶损伤，使叶面积系数降低，同化物质减少，翻蔓打乱了茎叶正常的分布状态，光合能力显著降低；翻蔓茎叶被损伤后，茎基部腋芽势必又长成新枝，使养分更多地分配在茎叶部分，向块根转运减少；翻蔓会动摇根部，影响块根的膨大。因此，除中耕、除草、施肥需短时间翻蔓之外，翻蔓一般不宜采用。

为了防止茎蔓产生不定根或形成小薯块，可采用提蔓的方法。提蔓即将茎蔓自地面轻轻提起，折断不定根后仍放置原处。提蔓有抑制茎叶徒长、促进养分向块根转运的作用。提蔓必须根据品种、苗情等灵活掌握。丛生、短蔓、茎质脆弱的品种，或地上部生长状况较差，而田间通气、透光良好，茎蔓不定根少，或在天气干旱的条件下，均宜少提蔓或不提蔓。土壤肥沃，高温多湿，田间郁闭时，适当提蔓。提蔓时应注意尽量减少茎叶损伤，并把茎蔓顷垄方向放好，以利其继续正常生长。

(七) 防治病虫害

我国甘薯病虫害种类繁多，主要有甘薯黑斑病、甘薯软腐病、甘薯根腐病、甘薯瘟病、甘薯茎线虫病、甘薯根结线虫病、甘薯皱缩花叶病毒病、甘薯蔓割病、甘薯疮痂病等；甘薯虫害有甘薯蚁象、甘薯长足象、甘薯叶甲、斜纹夜蛾、甘薯天蛾、甘薯潜蛾、卷叶虫和茎螟等。

防治甘薯病虫，应贯彻“预防为主，防治结合”的方针，灵活运用综合的防治措施：

1. 实行严格检疫，堵塞病虫传播途径。

2. 合理轮作，错开诱发病虫的环境条件，如稻薯水旱轮作，对防治黑斑病、烂根病、蚁象、茎螟及地下害虫有良好效果。

3. 选用抗病品种，如徐薯 18、新大紫、52—45、宁薯一号、一窝红等较抗烂根病的品种；而华北 48、湘薯 5 号、广薯 709、新大紫等是较抗薯瘟病的品种。抗黑斑病较强的品种有 52—45、新大紫、南京 92 等；较抗蚁象的品种有台农 51、假芽薯等。

4. 加强栽培管理。选用无病虫苗，合理施肥灌溉，可减轻病苗传播蔓延。及时中耕培土、盖沙、填缝，对防治某些病虫有一定的作用。收获时，将病虫危害过的植株或薯块，集中统一处理，煮熟作饲料，深埋或烧毁，能有效地消灭越冬病虫害。

5. 药剂防治。可用代森铵、多菌灵、托布津等药液浸种，防治黑斑病效果显著。后两种药液浸苗可兼治疮癞病。用 90％敌百虫 700 倍液喷雾，能有效地防治甘薯苗期各种食叶害虫。

第五节　收获及后期管理

一、收获

（一）收获时期

甘薯收获期早晚对块根产量与安全贮藏都有密切关系。甘薯块根是无性营养体，没有明显的成熟特征，只要气候条件适宜就继续生长，所以收获过早，块根产量低；收获过晚，块根受低温冷害影响，不耐贮藏。

甘薯在地温 18℃左右时，薯块增重很小，地温在 15℃左右时，薯块停止生长，10℃以下会发生冷害。因此，在气温 18℃时，开始收获，在气温 10℃以上时即在枯霜前期收获完甘薯。一般应先收获直播甘薯或春甘薯为切干用，再收获种薯，最后收获贮藏的鲜薯，不耐冻的品种要先收，耐冻的品种后收。我国华北地区一般在 10 月上旬开始收获，11 月以前收完。

（二）收藏方法

收获时，土壤不宜过干或太湿，如果土壤含水量少，地温变化大，易受冷害，而且地干土硬不易收获，有水浇条件的，可在收获前 20 天左右浇水后收获，土壤含水量太多，薯块合水量亦随之增多，而且土壤泥泞不便收获，可先割去茎蔓，等到土壤稍干后收获。收获甘薯，应在早晨割秧，晴天上午收获，薯块在田间晾晒后在当天下午入窖，以免受到冷害。为了做到适时收获和提高功效，可实行机械收获。

二、贮藏

薯块含水多，皮薄，组织柔嫩，容易破皮受伤，贮藏时易发生冷害和病害造成烂窖，因此要创造适宜的条件方能达到安全贮藏。

（一）贮前准备

甘薯的窖址要选择避风向阳、排水良好和运输方便的地方。入窖前，窖内要打扫清洁，发病的旧窖要用 50%多菌灵可湿性粉剂兑水 10 倍喷洒杀菌，还要精选健全的薯块贮藏，贮藏量为占窖容积的 70%，每立方米体积可贮藏 500kg。

（二）窖型

中国北方主要窖型有：

1. 高温大屋窖

薯块在窖内经高温处理后能消灭黑斑病和使伤口愈合，育苗时发病率较低，出苗较早。

2. 发券大窖

这种窖坚固耐用，在窖洞顶端用砖发券，窖顶盖土与墙厚均为 1m，高 2m。

3. 深井窖

深井窖要求建在土质坚硬、地下水位深的地方。这种窖型保温、保湿好，但通气较差，运输不便。

4. 棚窖

多建在地下水位高或土质疏松的地方，建窖较为简便，但要年年拆建。

（三）贮藏期间的管理

1. 贮藏初期

甘薯入窖约 25 天内，窖温可能达到 18℃以上，薯块容易发芽，应打开窗口、气孔或天窗，通气降温。如遇寒流要注意保温防寒，使窖温稳定在 13℃最适宜。大屋窖高温处理，即在装好种薯后，要求在 17 小时内把窖温下降到 15℃以下，开始加温后升温要快，避免黑斑病苗繁殖和薯块发芽。

2. 贮藏中期

从甘薯入窖约 25 天到翌年 2 月上旬的气温较低，应注意保温防寒，把窖温控制在 12℃～14℃之间，当窖温下降到

13℃时应关闭窖口和通风孔，并在薯堆上盖草约20cm厚，以减少甘薯呼吸热的散失。

3. 贮藏后期

2月上旬以后，气温回升，如果窖内温度偏高时，要通气降温，但遇寒流时要注意保温。

（四）切片晒干贮藏

切片晒干，便于贮藏、运输和加工。薯干的淀粉粒较大，组织疏松，吸湿性强，贮藏的地方要干燥，否则容易吸湿发霉、生虫。在贮藏前，薯干晒到含水量11%时入仓。在冬天低温干燥时期要通风排湿。雨季时期，仓库的窗户要紧闭，防止受潮。此外，贮藏的场所要保持清洁和防止虫、鼠危害。

第七章　无公害马铃薯的种植

第一节　产地环境、地块选择和整地

一、产地环境

距离高速公路、国道、干道 1000m 以上，距地方主要干道 500m 以上。附近 2000m 以内没有医院及生活污染源，1000m 以内没有工矿企业。符合 NY/T 391—2000 中“农田灌溉水中各项污染物的浓度限值指标”水质评价标准、NY/T 391—2000 中“土壤中各项污染物的含量限值指标”和 NY/T 391—2000 中“环境空气质量要求”。

二、地块选择

马铃薯对土壤要求不严，但对土壤孔隙度有很高的要求，疏松的土壤孔隙大，通气良好，有利于满足马铃薯生育过程中对养分、CO_2 及根系发育过程中对 O_2 的需求；同时，也利于块茎的膨大和防止后期块茎腐烂。所以土松、地肥，土层深厚，易于排灌的沙质壤土最适于马铃薯的生长发育。马铃薯要求微酸性土壤，pH4.8～8.0 范围内都能正常生长，以 pH 值 5.64～6.05 最为适宜，能够增加块茎淀粉含量。

三、合理轮作，精细整地

与茄科作物轮作，与块根作物轮作都会增加马铃薯病虫害的传染机会，降低产量，因此生产上一般与禾谷类、豆类和棉花等农作物轮作。马铃薯是块茎作物，要求有深厚而疏松的耕层，因此，马铃薯应于播前深耕，耕后及时耙耢或压地保墒，达到土碎、地平、墒足的目的，以利增产。

第二节　选用良种、种薯处理及播种

一、选用良种

（一）选种原则

选用优良品种是获得马铃薯增产的主要物质基础，由于气候条件和栽培制度不同，各地对品种有不同要求。一年两作区，夏季温度高，需要选择前期结薯早的早熟品种，在高温来临前就可以成熟，避开高温影响。一季作区主要应选择中晚熟的抗病品种，以充分利用生长季节获得高产。除此之外，还要选择优质、高产、适应性广、抗病性强、商品性好、脱毒马铃薯品种。

（二）常用优质脱毒马铃薯新品种

（1）早熟型品种：东农 303、早大白、尤金、克薯 3 号、中薯 2、3、4、5 号等。

（2）高淀粉型品种：内薯 7 号、春薯 4 号、陇薯 3 号、克新 12 号、黄麻子、晋薯 7 号等。

（3）油炸型品种：夏坡地、吉干特、斯诺顿、布尔班克，青薯 5 号等。

（4）兼用型品种：克新 2 号、4 号、13 号等。

（5）高产品种：紫花白、克新 1 号、宁薯 8 号等。

（6）抗病晚熟品种：丽薯 1 号等。

二、种薯处理

（一）种薯出窖与精选

种薯如未萌动，需在播前 40～45 天出窖催芽；如果种薯过早萌芽，应在不使种薯受冻情况下，尽早出窖，使之散热见光，抑制幼芽继续生长，使之蔫软绿化，形成壮芽。种薯出窖后必须选择幼龄、壮龄块茎作种，淘汰薯形不规则的块茎（不圆整、尖头、有裂痕、变长、变圆、畸形，表皮粗糙老化，以及芽眼突出、皮色暗淡的薯块）。如果出窖时块茎已经发芽，则应选择具有粗壮芽的块茎。

（二）闷种和催芽

播前一般要进行闷种和催芽，闷种就是将精选的种薯于播前堆放在 10℃～15℃的室内约半个月，当芽眼刚刚开始萌动时即切块播种。催芽是播前将薯块铺放在室内，厚度约 33cm，上面铺一层湿沙，温度保持在 10℃～15℃左右，促使幼芽萌动。当幼芽长到 1～2cm，并长出细根时，切块播种。用 0.5％～1.0％的硫脲浸泡已切薯块 4 小时，可打破休眠，提高种薯萌发率，还可促使幼芽粗壮，增强抗逆性，增加大、中薯块数量，改善品质。催芽处理对于二季作秋季栽培尤为重要，催芽的主要作用是促使薯块尽快通过休眠，躲过或减轻病害，提早成熟。

（三）切块

把种薯切成小块，可以节约种薯，降低生产成本。马铃薯单株产量与切块大小成正相关。但切块过大，用种量过多，不经济；切块过小，虽省种薯，但影响幼苗健壮生长和产量，一般薯块以 25～50g 为宜。每个切块上带 1～2 个芽眼，便于控制密度。切块时应多带薯肉，尽可能利用顶芽优势。一般50～100g 的种薯可以从头到尾纵切成两块或四块；如种薯很大，切块时应从基部开始，按芽眼顺序螺旋向顶芽部斜切，最后再把顶芽切成两块，切块最好是随播随切，以免切块堆置时间过长，造成腐烂和干缩，切后应用草木灰拌种。

（四）小整薯的应用

利用 30～50g 的小整薯作为播种材料，可以经济有效地利用没有商品价值的小薯，降低生产成本，减少切块传病机会，发病率低，抗旱力强，出苗齐壮。由于小整薯符合幼龄薯的要求，而且病毒含量较低，所以生活力旺盛，生长势强，易获高产。一般可比切块播种增产 20％左右。

三、播种

（一）适时播种

适宜的播种期是保证马铃薯出苗早、齐、壮的关键。确定其播期的原则是：

1. 应把块茎形成和增长期安排在适于块茎生长的季节，避过高温影响。要平均气温不超过 21℃，日照时数不超过 14 小时，并有适宜的降雨量。一般北方一作区 10cm 地温稳定在 7℃～8℃时，播种比较合适。

2. 充分利用当地对出苗有利的条件，避免不利条件。春旱地区应利用返浆期的土壤水分抢墒早播，阴湿地春季土壤水分过大，地温较低，不易出苗，应适当晚播。

3. 要根据品种、种薯情况和间、套农作物来确定。如种薯已催芽处理，播期过早，出苗后易遭晚霜危害，应适当晚播；反之，可适当早播。一般间、套种要用早熟种，为争取下茬有较好的生育期，可适当早种和早收，这样既可充分利用早春墒情，又可躲过伏雨和病害；栽培中、晚熟品种可适当晚播，使块茎形成期后延，有利于块茎形成和增长，提高产量和品质。

（二）播种技术

不同地区土壤及气候特点不同，播种方法也不相同。凡是高寒、阴湿、土壤黏重、地势低洼、有灌溉条件或生长期雨量较多且集中的地方，多采用垄作的栽培方式。垄作也有两种方式：一种是按行距深开沟，点种施肥后，再浅犁成垄，种薯基本处于地表之下，在春旱或早熟栽培时采用。另一种方法是按行距划印开浅沟，把种薯点在浅沟内，施肥后在两浅沟间用犁掏墒覆盖，使种薯基本处于地平面以上，一般易涝地采用这种方式。垄作的覆土厚度不应少于 7～9cm，风大干旱地区覆土还可适当加厚。在气温较高、降雨较少而蒸发量大以及缺少灌溉条件的地区，多采用平作的方式，播种时先用犁开 10～15cm 深的沟，点种施肥于沟内，株距 25～40cm。犁第二沟同时给第一沟覆土，播后用耱纵横各耱一次，使地面达到平整、细碎、上虚、下实，从而达到保墒、抗旱、保苗的目的。播种时，应在亩施 2500kg 有机肥作基肥的基础，每亩施 2.5～5kg 尿素和 10～15kg 过磷酸钙作种肥，但要注意种薯不要与化肥接触。种植密度要依品种、地力以及当地栽培制度而定。凡早熟、植株矮小、地力较差的要适当密些，反之则应稀些。为了便于田间作业，一般行距在 60cm 左右。多熟种植的早熟品种单作为 5000～6000 株/亩；一季作区旱地为 3700～4000 株/亩；水地为 3000～3500 株/亩。各地可结合具体情况适当增减。

第三节　不同生育时期的田间管理

一、发芽期

马铃薯从播种到出苗，种薯在土壤中呼吸旺盛，需要充足的氧气，以利于淀粉、蛋白质等贮藏物质的转化。田间管理应以提高地温，增强土壤通气性为中心。主要措施采用浅锄，疏松表土，提高地温，使出苗迅速整齐，促壮苗早发。在二季作区则以降温为主，在垄沟内适当灌水。

二、幼苗期

幼苗期应以壮苗、发株为中心任务，使植株尽早达到最大光合面积，促使匍匐茎的形成和根系的深扎，同时要防止茎叶徒长。因此，应以促为主，促下带上。当苗齐后，立即进行中耕锄草，使土壤疏松，提高地温，促进地下部根系和地上部茎叶的生长。北方当苗高 16～17cm 以后，底墒不足就应轻灌。地力差，底肥用量少，幼苗长势弱，就应尽早追施速效性氮肥。另外，还应注意防治地下害虫和二十八星瓢虫危害。

三、块茎形成期

此期的栽培措施是以促为主，促控结合，保持上、下协调，保证植株稳健生长。主要措施有：

1. 适当控制肥水。如果地力差，长势弱，可以适时、适量地追肥灌水，但是在一般情况下，则要适当控制肥水，促使植株稳健生长。

2. 中耕培土。勤中耕，分次培土，促使根系生长和匍匐茎的形成，增加结薯数，对增产起着重要作用。要浅锄并结合培土，特别是坡地，每次雨后应及时进行锄地、培土。培土时要求培厚、培细，分层加高，沟窄而深，垄背宽而厚，既有利于匍匐茎的发育和降温结薯，又便于排灌水。

3. 当发现地上茎叶生长过旺时，可以喷 0.1%～1%的多效唑或 B9 进行控制。

4. 摘除花蕾。当花蕾形成花序抽出时，应及时摘去，可以减少养分消耗，有利于提高产量。

四、块茎增长期

本期田间管理的任务主要是促使地下部块茎快速生长，促控结合防止地上部徒长，主要措施是：

1. 充分满足肥、水需要。由于块茎生长期是马铃薯一生中需肥、水最多，决定产量的关键时期。因此，在追肥灌水上要尽量做到“适时、多量、集中”的原则。早熟品种的肥、水供应要相应提前。在肥料较少的情况下，应将肥料集中施在此期，使少量肥料发挥最大的增产效果。在增施氮肥的同时，必须重视硼肥的施用。有条件的地方还可在盛花期后喷施0.02%的硼、铜等微量元素，以加速有机物质的运输和积累。

2. 开花期。温度高的地区，要及时在垄沟内灌水降温，以提高种性和增加产量，防止退化，但注意不要大水漫灌。

3. 勤中耕、培土。追肥、灌水后，应及时进行浅中耕，并进行培土，在封垄前结束最后一次中耕。

五、淀粉积累期

此期间田间管理的中心任务是防止茎、叶早衰，尽量延长茎、叶绿色体寿命，使块茎积累淀粉快而多，但也要防止贪青晚熟。

1. 注意排涝。雨后及时排水，尽量不使田间积水，防止水浸烂薯。

2. 根外追肥。后期如脱肥时，可进行根外追肥，喷磷、钾、镁肥溶液，其浓度分别为过磷酸钙1%～5%，$MgSO_4$ 0.1%，K_2SO_4 0.02%。

第四节　收获及后期管理

一、收获

(一) 收获期的确定

马铃薯食用块茎的最适收获期的标志是：植株大部分茎叶枯黄，块茎很容易与匍匐茎分离，周皮变硬而厚，块茎干物质含量达到最高限度。种用块茎应提前5～7天收获，以避免低温冷冻危害。当然各地收获期应根据用途、气候条件和土壤特点灵活掌握，作为蔬菜栽培时可根据品种熟性和市场需要分期收获，确保产品质量。收获前要割掉茎叶，清除田间留的子叶，以免病菌传播。收获过程中要尽量减少机械损伤，并要避免块茎在烈日下暴晒，以防芽眼老化和形成油葵素，降低种用和食用品质。

（二）收获方法

主要有木犁犁翻、挖掘和机械收获，块茎翻出后要及时捡拾。土壤黏湿可待稍干后进行。第一次捡拾后应进行第二次复翻复捡，以收净为原则。收完后按品种分类，分别装入无菌的洁净的袋中进行销售和贮藏，

二、贮藏

（一）贮藏条件

贮藏地点和贮藏窖要具有通风、防湿、防冻和防病虫传播的条件，贮藏前将块茎分级和摊晾 7～15 天，进行预贮使伤口愈合，薯皮紧实，降低呼吸强度。伤口愈合的适合温度为 15℃～20℃，相对湿度为 90％左右。预贮后剔除愈合不良的伤薯、病薯、畸形薯等即可进行贮藏，贮藏期间最适合温度在 1℃～4℃，最高不得超过 7℃，相对湿度以 85％～90％为宜。不能见光，以免积累龙葵素。

（二）贮藏方法

1. 冬贮。在一季作地区进行冬贮，一般采用窖藏，有井窖、棚窖、窖洞窖、土沟窖等。贮藏量不得超过窖体的 2/3，保持 1℃～4℃，在温度降到 0℃时，应在薯块上加盖覆盖物或熏烟增温。

2. 夏贮法。在二季作地区，春薯收后于夏季贮藏，一般在阴凉通风的地方用架藏方法。架藏是用竹木做成架床，分层放薯，每层之间距离约 50～60cm，每架之间留有走道，便于通风和管理操作。

第八章　无公害棉花的种植

第一节　产地环境、地块选择与整地

一、产地环境

距离高速公路、国道、干道 1000m 以上，距地方主要干道 500m 以上。附近 2000m 以内没有医院及生活污染源，1000m 以内没有工矿企业。符合 NY/T 391—2000 中“农田灌溉水中各项污染物的浓度限值指标”水质评价标准、NY/T 391—2000 中“土壤中各项污染物的含量限值指标”和 NY/T 391—2000 中“环境空气质量要求”。

二、地块选择

棉花生长要求土壤能及时、适量、协调地供应所需的各种养分、水分；同时，根系生活在土中，还需要充足的氧气、适宜的土温和合适的松紧度等环境条件，棉花才有可能高产优质。高产优质棉田要求土壤有机质含量 10～12g/kg，碱解氮含量 60～80mg/kg 以上，速效磷含量 5mg/kg 以上，速效钾含量 80～100mg/kg 以上，全盐含量低于 0.24%。

三、整地

（一）耕后整地

北方棉区秋冬耕后是否需要耙耢，主要看气候、土壤而定。在冬春雨雪量较多或有灌溉条件的地区，秋冬耕后可以不耙，进行晒垡挂雪过冬；反之应及时耙耢，以利保墒。春季顶凌耙地是整地保墒的关键。顶凌耙地后，再于土壤全部解冻时，抓紧时机先后用长齿耙耙深耙透，随即耢平；以后遇雨再用短齿耙浅耙 5～6cm，破除板结，切断毛细管以防跑墒。雨后耙地要求做到平整、不漏耙，无坷垃，而且不能过深。

（二）播前整地

北方一熟棉区播前整地以保墒防旱为主，故多实行平作。其作业有“耢白茬”和“串肥砘地”两种。耢白茬作业一般在播前 10～15 天进行，用中耕器、耘锄或圆盘耙在棉田不湿不干时进行浅松土 5～6cm，耢平即可。“串肥砘地”是在播前春耙的基础上，用播种耧计划行距先串肥，接着砘压。南方棉区雨水多、易渍涝，故多用畦作。畦宽一般为 2～2.7m。辽河流域棉田多采用垄作，起垄时间宜早，应在秋冬耕后或早春进行，起垄后还要根据墒情，适时镇压，有利保墒。

浇足底墒水是保证棉花适时播种、苗全、苗壮、早发、增产的有效措施。保水性好的黏土、壤土以冬灌效果为好。冬灌以表土开始解冻或昼消夜冻时为宜，这样可以减少水分蒸发和渗透，起到蓄水保墒和破碎坷垃的作用。保水性差的沙土地以播前半个月春灌较好，让地温有回升的时间。灌后及时耙耢，碎土保墒。

施足基肥。棉田施肥强调“基肥为主，追肥为辅”的原则。基肥占总施肥量的60%～80%，基肥应以厩肥、堆肥、绿肥等有机肥为主。北方棉区一般亩施堆肥或土杂肥等1.5～4t高产田4～5t。南方棉区亩施厩肥1t或绿肥750～1500kg。有条件的地方加饼肥15～50kg，过磷酸钙作底肥，每亩15～25kg。基肥秋、冬施比春施好，有利于肥料腐熟、分解，提高肥效，还可避免春施引起的跑墒。

第二节　品种选择、种子处理与播种

一、品种选择

（一）我国棉田分布广，各棉区自然条件各异，对棉花品种主要性状的要求也不尽相同。因此，不同棉区应根据本地的生态条件、土壤状况、耕作栽培制度、生产水平、枯黄萎病发生情况以及国家对不同档次原棉的需求等，选用具有一定特点的优良品种。选用优良品种是实现棉花优质高产的关键。

应选用抗（耐）枯黄萎病和抗虫的中早熟或中熟高产、稳产的棉花新品种，经过脱绒、包衣处理的棉种对苗期病虫害有较好的防治作用，应优先考虑选用。常规棉品种选用原种或原种一、二代；杂交棉品种选用一代杂交种。棉种质量要符合国家种子质量标准，毛棉籽发芽率在85%以上，脱绒包衣棉种发芽率在80%以上；群众自留棉种也应参考以上指标，并根据种子成熟度和发芽情况适当掌握。

（二）常用优质抗病品种简介

1. 短季棉新品种

（1）适于黄河流域生态型的品种：中棉所16号（高抗枯

萎病)、中棉所 30 号（高抗棉铃虫)、中棉所 20 号、中棉所 24 号、中棉所 27 号、豫棉 9 号、豫棉 12 号、辽棉 10 号、辽棉 11 号、辽棉 12 号、辽棉 13 号、辽棉 14 号、辽棉 15 号、辽棉 16 号、锦棉 3 号、锦棉 4 号、锦棉 5 号等。

(2) 适于北部特早熟棉区的品种：新陆早 1 号、4 号、6 号、7 号、8 号，陕 2786 号，辽棉 10 号、12 号、15 号、16 号，中棉所 16 号、24 号等。

(3) 适于长江流域棉区的品种：岱宇棉 15 号、中棉所 10 号、鄂 545 号、苏棉 10 号、中棉所 29 号等。

2. 其他棉花新品种

双价转基因抗虫棉中棉所 41 号；抗虫杂交棉中棉所 29 号、39 号；高产优质麦套棉中棉所 35 号；抗虫棉新品种鲁棉研 18 号；中熟抗病杂交棉苏杂 26 号；转基因抗虫杂交棉中棉所 38 号等。

二、种子处理

（一）晒种

晒种一般在播前半个月，抢晴天晒 3～4 天。晒种可以促进后熟、提高发芽率和减少苗期病害。晒种时要薄摊勤翻，宜在席子、木板等上摊晒，切忌在水泥地上晒种，以免形成铁子。

（二）测定发芽率

测定发芽率是确定播种量的重要依据。在 25℃～35℃条件下，9 天内发芽种子粒数占总粒数的百分数为发芽率。生产上棉子发芽率要求在 85％以上。

（三）脱短绒

利用浓硫酸释放的热能及腐蚀作用，脱去短绒并杀死种皮内外病菌。同时，脱绒后光滑的种子有利于精量播种，还能加速吸水，提早出苗，也为使用种衣剂处理提供了方便。

（四）药剂处理

因种子和土壤常带有病菌，进行药剂处理，可保证棉苗安全出土和正常生长。通常用多菌灵、托布津等拌种、闷种，对防治苗病均有一定效果。

（五）种子包衣

这是近年来生产上逐渐推广的一项种子处理新技术。种衣剂是由杀菌剂、杀虫剂、微量元素、植物生长调节剂和成膜剂、扩散剂、稳定剂、防腐剂、防冻剂等组成的一种新型复合农药。它包在种子表面立即固化成膜，成为种衣。在种子外面形成防治病虫的保护屏障。药剂、微肥和激素从种衣中缓慢释放，传运到植株各部位。种衣剂可减少喷药次数，节省农药，避免和减轻对病虫天敌的伤害、减少污染、节省劳力、使用方便。试验证明，种衣剂能防治炭疽病、立枯病、枯萎病、蚜虫、蓟马、蝼蛄等多种病虫害。种衣剂中的微肥和激素，对棉花苗前期的发育有一定的促进作用。

三、播种

（一）播种期的确定

这是决定一播全苗的重要环节。播种过早，温度低，出苗慢，易烂种烂芽，出苗不全、不齐；播种过晚，温度高，出苗快，但不能充分利用有效的生长季节，影响产量和品质。棉花适宜的播种期，一般以 5cm 地温稳定在 14℃为宜，同时还要考虑终霜期、土壤墒情、地势、土质条件等。黄河流域棉区一般在 4 月中下旬为宜；长江上游地区在 3 月中、下旬播种；长江中游地区在 4 月上、中旬；而下游则在 4 月下旬至 5 月上旬播种最好；西北内陆棉区播种期在 4 月上旬前后；北部特早熟棉区适宜播期在 4 月下旬；华南棉区以 3 月中旬播种为宜。

（二）播种技术

1. 播种量

每公顷用种 60～75kg；点播的每穴 5～6 粒，每公顷 37.5～45.0kg。

2. 播种方式

有条播和点播两种。可采用机械条播和定量点播机播（每穴 3～4 粒），能将开沟、下种、覆土、镇压等作业一次完成。因此保墒好，出苗快，工效高，质量好，有利于播种保全苗。

3. 播深

根据土质和墒情而定：南方棉区春雨较多，播种宜浅，深度以 2cm 左右为宜。北方棉区春季少雨多风，播种宜深，一般 3～4cm 为宜。

4. 播后管理

播后发现漏播、漏籽，应立即补种、盖籽。发现烂种烂芽，需立即催芽补种、移苗。棉苗出土前如遇雨，地面板结，应及时耙地或中耕松土，破除板结，助苗出土。

5. 株行距

（1）等行距

大多数棉田都采用这种方式，近年来普遍推行“宽行密株”配置方式，即适当加宽行距，以延迟封行，有利于通风透光。行距通常在 50～90cm 之间，株距依密度而定。一般不小于 15cm。在中国北部特早熟棉区和西北内陆棉区，大多采用窄行距、高密度栽培方式，即将行距缩短为 33～55cm，密度加大至万株以上。

（2）宽窄行

宽行与窄行相间种植，通过宽行改善光照条件有利于中下部结桃，同时便于田间管理，便于冬作物套种和春作物间作，有利于提高复种指数。这种方式在肥沃棉田或间套种棉田较多采用。一般宽行距为 80～100cm，窄行距为 46～60cm，平均行距为 50～80cm，株距为 20～30cm。

（三）育苗移栽

1. 育苗。目前育苗的方法主要有营养钵育苗和营养块育苗两种。

营养钵育苗是用表土、有机肥和化肥按一定比例混匀后做成钵子，将钵子置于苗床上，然后在钵中播种的一种育苗方法。其优点是移栽时不散钵、断根少、缓苗快、成活率高。缺点是制钵比较费工。

（1）苗床选择。选择靠近本田、背风向阳、水源方便、地势平坦、无枯黄萎病的地方。面积大小以 1 亩苗床移栽 10 亩左右棉田为宜。床宽视塑膜宽窄而定，一般宽 1.3m，长不限，深 17～20cm。苗床间距 1m 左右。床边和床底砸实、铲平，先铺一层细沙，便于以后起苗。另外，床四周要开排水沟。

（2）钵土配制。肥沃的钵土是培育壮苗的物质基础。将细碎肥沃的表土与腐熟晒干过筛的有机肥按 8∶2 或 7∶3 的比例混合，再按每 50kg 钵土加过磷酸钙 0.2～0.3kg 和硫酸铵 0.05～1kg 的比例混合均匀。

（3）制钵和摆钵。制钵一般采用制钵器手工制钵。制钵器为直径 6～7cm，高约 8cm 的铁（或纸）制圆钵。制钵肥土要加水适度，使制成的钵子成形好、光滑、不倾斜。摆钵时钵面平整，错落有致，尽量减少钵间空隙，最大限度地利用苗床。

（4）播种。营养钵制好摆好后，要趁湿钵、湿沙、湿子播种。如果不能立即播种，要用塑膜盖好，以免钵子干硬。播种期在 3 月中下旬。播前种子经精选、浸种和药剂拌种，每钵播 1～2 粒，保持湿润。用塑膜把苗床覆盖好。

（5）苗床管理。齐苗之前不要揭膜和浇水。齐苗后白天通风降温炼苗，开始只在上午揭开两端，床温控制在 25℃左右。以后逐渐做到白天揭膜晚上盖，阴雨寒潮天盖膜加通风。棉苗有一片真叶时间苗，每钵留 1 株苗。同时拔除钵内杂草。为防治苗病，每周喷 1 次波尔多液。当钵体干燥发白时，可在早晚进行喷水。如棉苗黄瘦，子叶发红，宜用清稀粪或用少量硫铵对水轻浇。

营养块育苗是将苗床本身的土挖松弄细碎，再施肥拌匀，整平做成畦。然后泼清粪水，使其浸透，经适当镇压，表面稍干后，划成长约 6～7cm 的方块，每块播 1～2 粒种子，其他措施与营养钵育苗相同。其优点是：操作简便，用工少，易培育壮苗。缺点是：起苗、运苗较困难，易散坨，缓苗慢，成活率低。

2. 移栽。棉苗在苗床上生长 30～40 天即可移栽，移栽时的温度是影响棉苗发根和缓苗的主要因素。气温稳定在 18℃以上，移栽后的棉苗发根快。棉苗从苗床移到大田，根系受到不同程度的损伤，加之环境的改变，一般会出现缓苗过程。因此要注意：

（1）移栽前一天要浇透移苗水，可施少量稀粪水做“送嫁肥”。

（2）营养块育苗的，切块时要切透，切开，少伤根，起运土时要轻拿轻放，且随切随栽。

（3）移栽时要选壮去弱，大小苗分栽。

（4）移栽棉花根系分布浅，为增强其抗风抗旱能力，要深挖穴，约17cm左右。使带苗土块埋入地表1.5cm以下，穴内施少量“安家肥”，但忌用尿素，以防伤根灼苗。

（5）棉苗移栽后立即浇活棵水，使钵（块）土相连，新根伸出钵（块）后就可吸到水分和养分，使棉苗顺利生长。

第三节　田间管理

一、播后保苗管理技术

棉花播种后，可能会遇到低温、干旱、阴雨渍涝、杂草荫蔽、病虫害等不利条件，影响正常出苗。因此，必须采取有力措施，做到一播全苗，壮苗早发。

（一）搞好“四查”

播种后，要及时检查有无漏播、漏盖、落干和烂种。漏播的应催芽补种，漏盖的及时覆土，落干的需镇压或浇水，烂种的要催芽补种。

（二）松土破壳

播种后遇雨，应进行行间松土，破土壤板结，促进种子发芽出苗。

二、合理密植

合理密植，是协调棉株个体和群体矛盾、建立合理动态群体结构的基础，也是充分利用地力、光能和生长季节，发挥棉花增产潜力的一项重要措施。

（一）合理密植增产的理论依据

1. 充分利用地力

棉花主根的粗细、侧根的数量及根系的吸收能力与栽培密度有直接关系。密度过小，主根较粗，侧根多，单株根系发达，但其吸收能力仅限于一定的范围，不能充分利用地力。密度过大，根系过分拥挤，根系发育受到抑制，吸收能力反而降低。只有在合理密植的情况下，根系才能发挥其最大吸收功能，充分发挥土壤的增产潜力。

2. 充分利用光能

在一定密度范围内，单位面积内株数增加，虽单株叶面积减少，但总叶面积却增加，使叶面积较早达到适宜范围，以充分利用光能，制造较多的有机物质，为增加单位面积上的总铃数，提高铃重，实现棉花高产提供物质基础。

3. 合理利用生长季节和生长空间，增加靠近主茎的铃数和总铃数

合理密植使单位面积上的株数增多，从时间上看，这部分棉铃正处于最适宜发育的七八月份高温、日照充足、雨量充沛阶段，养分也因它邻近主茎而供应较为充分，因而脱落少，成铃率高，铃期短，铃重高，品质好。

（二）确定种植密度的原则及株行距配置

确定密度应根据土壤、施肥水平、品种特性和气象条件等

而定。一般土壤肥沃、保水保肥性好、施肥水平高、有水浇条件、温度较高且无霜期长、品种株型松散、植株高大的较晚熟品种应密度小一些；反之，密度应大一些。当前，北方棉区高肥水棉田的适宜密度范围为3000～5000株/亩，中等肥力棉田为5000～7000株/亩，瘠薄地为7000～10000株/亩，大面积适宜密度为4000～6000株/亩，山丘瘠薄地或盐碱地为6000～10000株/亩，麦套棉为8000～10000株/亩。合理密植是相对的，随着生产条件的提高和品种的不断更新，密度也要不断调整。坚持因地、因时、因条件制宜，使密度符合客观条件的变化，达到高产。

确定适宜的种植密度，并配置好株行距，是合理密植的两个重要环节。适宜的株行距配置，能使棉株的分布更有利于物质积累和保蕾保铃，同时也便于田间管理和机械作业。生产上常见的株行距配置有等行距和宽窄行两种。

一般棉田大多采用等行距种植，行距的大小要根据具体情况确定。在雨水较充足、无霜期较长、肥力较高且生长期长的地区，行距稍宽一些，以70～80cm为宜；而雨水较少、无霜期较短、土壤瘠薄且生长期较短的地区的行距宜稍窄一些，以50～60cm为宜。株距依种植密度和行距而定。

较肥沃的棉田或间作套种时多采用宽窄行种植形式。一般高肥水棉田宽行80～87cm、窄行40～50cm。中等肥力地宽行67～74cm、窄行40～47cm。株距大小可按照留苗密度计算。这种方式，有利于棉田通风透光，利于中、下部蕾铃发育，同时，宽行便于田间操作管理，减少机械损伤，又利于套种其他农作物，提高复种指数。但也有其缺点，如窄行过小，不利于棉株个体发育，且易造成棉株两边结铃不平衡，不能充分发挥单株生产潜力。

近年来，在一些水肥条件较好的地区，实行“宽行密株”方式，即将行距加大到80～100cm，株距缩为16～24cm，每亩密度300～4000株。在北部特早熟棉区和西北内陆棉区，窄行距高密度有所发展，即将行距缩为30～50cm，密度加大至10000株/亩以上。这种栽培方式适应于生长期较短的自然条件，且有利于机械化作业，提高劳动生产率。

三、阶段综合管理技术

对棉花各生育阶段进行及时有效的综合管理，是夺取高产、优质、高效的关键。棉花综合管理就是要根据各阶段的生育特点，合理实施管理措施。

（一）苗期的综合管理

1. 生育特点。棉花苗期以长根、茎、叶等营养器官为主，为营养生长阶段。同时，花芽开始分化，其中根日生长量比地上部株高日增量要大4～5倍，为此期的生长中心。因此，苗期要促进根系发育，以实现壮苗早发。苗期通常40天左右，早熟品种较短，中、晚熟品种较长。

在全国各大棉区，影响苗期生长发育的环境因素主要是温度。棉花幼苗抗逆性差，低温往往会导致病苗、死苗和弱苗晚发。在黄河流域棉区、西北内陆棉区，干旱缺水也是限制苗期生长发育的一个重要因素。土壤含水量偏低，会影响根系深扎和水平伸展，同时影响养分吸收，致使地上部生长缓慢，推迟现蕾。苗期碳氮代谢以氮代谢为中心，缺氮会影响营养生长，缺磷会抑制根系发育，缺钾则光合作用减弱，易感染病害。

2. 田间管理。苗期田间管理的主要任务是在全苗齐苗的基础上，促进壮苗早发，为夺取棉花高产优质打下基础，具体措施有：

（1）查苗补种。棉花出苗后应经常检查，如有缺苗，视缺苗多少和棉苗的大小，采取不同的补救措施。①采取催芽点播或重播。②可带土移植，挖苗时尽量不动土，少伤根。采取补救措施后，要及时加强管理，使小苗赶大苗，使之均衡生长，争取齐苗。

（2）间苗定苗。间苗分两次进行，第一次在齐苗后，留壮苗，拔弱苗、病苗，做到叶不搭；第二次在 1～2 片真叶时进行。定苗在三叶期，此时茎秆基部已木质化，抵抗不良环境能力增强。病虫害轻的地块，可一次间苗，一次定苗。对条播棉田而言，定苗要根据留苗密度确定株距。

（3）中耕。棉花苗期苗小、根浅，土壤耕层的温、湿度条件对棉苗的影响极大，故加强中耕并配合其他管理措施，是促进根系发育、实现壮苗早发的关键。北方棉区苗期中耕要做到“早、勤、深、细”。第一次中耕在子叶展开时，结合间苗早中耕可提高根周围地温，促进支根早出，增强其吸收能力；中耕要勤。中耕要由浅渐深，第一次中耕在 4～5cm，主要起保墒增温作用，现蕾前中耕加深到 8cm 以上，起散表墒、促进根系下扎的作用。中耕要细致，深浅一致，不漏锄，不留草，不伤苗埋苗。

南方棉区，苗期雨水较多，表土易板结，通气性差，地温低，肥料分解慢，杂草滋生，故应在清沟排渍的同时，进行中耕松土。出苗现行时进行第一次浅中耕，以后中期渐深，降低表土湿度，促进根系发育，也有利于减少苗期病虫害。套作棉田，待前作收获后，应抓紧中耕灭茬松土。

(4) 肥水措施。棉花苗期需肥、需水都较少，对没有施足基肥的棉田或旱薄地等可在定苗时亩施硫酸铵 5kg 左右、过磷酸钙 10～15kg，促进发棵壮苗。对于墒情较差，特别是麦套棉田，苗期要浇水，尤其是麦收前后浇水，是保苗促早发的重要措施。

（二）蕾期综合管理

1. 生育特点

蕾期是营养生长和生殖生长并进时期，一方面长根、茎、叶，一方面不断增长果枝，并陆续现蕾，但营养生长仍占优势，以扩大营养体为主。此期棉株干物质积累不断增加，对养分、水分及外界环境条件要求也较严格。碳氮代谢由苗期的以氮代谢为主转变为以碳代谢为中心。如肥水不足，营养生长受到抑制，碳代谢不畅，营养体过小，易造成早衰。如氮素供应过多，会使过多的糖用于合成蛋白质，使营养体过旺，徒长，田间郁闭，下部通风透光不良而致使中下部蕾大量脱落。蕾脱落后，使本来运向中下部果枝蕾的营养物质大量向上运输，进一步促使棉株疯长，形成恶性循环，保不住早蕾、坐不住早铃，形成所谓的高、大、空。

我国各棉区蕾期日平均气温大都能超过 20℃，基本上能满足棉花正常生长的需要。此期光照也较充足，但如遇连阴雨天气，种植密度过大的棉田往往会引起徒长。另外，土壤通气状况直接影响根系的生理活动，由此影响到对肥水的吸收。所以，这时期土壤中肥、水、气三因素是否适宜，是蕾期棉株能否正常生长的关键。

2. 田间管理

蕾期管理的主要任务是以肥水为中心，配合中耕、整枝、病虫害防治及化控技术，协调营养生长和生殖生长的关系，做到壮而不疯、稳而不衰，在壮苗早发的基础上，实现稳增花蕾。水肥地棉田以控为主，旱薄地以促为主。

（1）肥水施用。蕾期施肥既要满足棉株发棵的需要，又要防止过多引起徒长，做到稳施、巧施。稳施就是实行化肥和有机肥、速效肥与缓效肥、氮肥与磷肥相结合，使肥效平稳、持久，有利于棉株生长，多结花蕾。巧施就是根据天气变化、地力基础、长势长相等确定施肥时期、数量和种类。北方棉区对于早熟或瘠薄棉田，在现蕾期施肥效果较好，高密度棉田，蕾期要适当控制，少施或不施速效氮肥，可在初花期重点施一次肥；中等肥力棉田可在盛蕾期或初花期一次追肥，也可在初蕾和初花分两次追肥。高产棉田，在施足基肥的前提下，蕾期要施大量有机肥，对增产作用很大，同时，可根据苗情和地力配合适量施些化肥。

棉花蕾期需水量较大。北方棉区，蕾期雨量偏少，加之蒸发严重。因此，适时适量浇水对提高产量有重要作用。一般棉田，为缓解“三夏”农活集中和夏种用水的矛盾，常在麦收前浇水；高产棉田，为防止徒长，常推迟浇头水，可促进根系下扎，有利于增强棉株抗旱能力。南方棉区此期正值梅雨季节，由于地区之间的差别，有些地方前半期是雨季，后半期是旱季；而有些地方则恰好相反。因此，应视当地气候条件合理安排浇水时间。

（2）中耕培土。蕾期中耕能起到抗旱保墒、消除杂草、促根下扎、控制徒长的作用，蕾期要求中耕 3～4 次，做到“雨后锄，浇后锄，有草锄”，中耕逐次加深。对旱薄棉田主要是多中耕、细中耕保墒。对旺长棉田，应多中耕、深中耕，断一部分侧根，控制棉株徒长。中耕结合培土，可起到小旱能保墒、大旱利沟灌、天涝好排水的作用。

（3）整枝。整枝能控制营养生长，改善养分分配运输方向，有利于保蕾增铃。蕾期整枝主要包括去叶枝、抹赘芽和去早蕾。

去叶枝。叶枝与主茎和果枝争夺养分，应及时去掉。一般在现蕾后，能辨认出果枝和叶枝时，去掉第一果枝以下的叶枝和主茎基部的老叶，保留2～3片主茎叶。对旺长棉田，可将第一果枝以下的主茎叶一齐去掉，棉农称之为抹裤腿。在缺株的地方或田边，或主茎生长点遭受伤害时，可选留1～2个叶枝，利用叶枝上分化出的二级果枝成铃。

抹赘芽。主茎和果枝的叶腋里，常长出一些只消耗养分，又影响通风透光的芽，称为赘芽，应及时抹去。

去早蕾。去早蕾是近年来发展起来的一种增产和改善品质的整枝技术。一般在棉株长到6～7个果枝时，去掉基部2～3个果枝的全部花蕾。摘除早蕾后的棉株，生长发育和主要生理代谢发生明显变化，促进了营养生长和光合生产率及干物质积累，棉株营养器官中的碳水化合物和氮素含量也有增加，为增结优质棉铃创造了物质条件而获得优质高产。具体地说，有以下效果：减少伏前桃，增加伏桃和早秋桃，使铃重提高；增加内围和中部果枝果节结铃比例，增收霜前花，使衣分提高；改善通风透光条件，降低蕾铃脱落，从而增加了单株有效结铃数；促进根系发育，增强根系活力，延长叶片功能期，使棉株健壮生长。此技术宜在中等以上肥力棉田进行，并增施花铃肥。另外，去早蕾结合去晚蕾，其效果更佳。

（三）花铃期的综合管理

1. 生育特点

按生育特点，花铃期可分为初花期和盛花结铃期。初花期是从开始见花到第四、五果节开花，约 15 天。此期营养生长和生殖生长并进，是棉花一生中生长最快的时期。主茎的增量或现蕾数都达到全生育期生长量的 1/3，每2～3天长出一个果枝。叶面积增长量相当于蕾期的 2～3 倍。之后转入盛花结铃期。此期营养生长渐慢，生殖生长转占优势。营养物质的分配转向蕾铃，根系生长减慢，但吸收能力进入旺盛期。花铃期棉花吸水、吸肥达高峰期。干物质积累占总量的 70%以上。此期处在高温多雨季节，光温等环境条件基本能满足生育需要。

2. 田间管理

花铃期是棉株生育最旺盛的时期，也是决定产量和品质的关键时期。管理的主要任务是：合理追施肥水，辅以其他管理措施，在蕾期增蕾稳长的基础上，协调好个体和群体的关系、营养生长和生殖生长的关系。初花期控制营养生长，盛花期促进生殖生长，实现“三桃”齐结。

（1）肥水管理：花铃期棉铃大量形成，是棉花一生需要肥水量最多的时期。要求因时、因地重施花铃肥，补施盖顶肥。对地力较高，施基肥、蕾肥较多的棉田，应在棉株下部结 1～2 个成铃时施肥；对地力较薄，施基肥、蕾肥较少的棉田，应早施、重施。施肥量以亩施硫酸铵 15～20kg 为宜。为防止早衰，多结秋桃，后期施盖顶肥（桃肥），北方棉区一般在 7 月底 8 月初，南方棉区在立秋前后。施肥量以每亩追 5kg 硫酸铵为宜。

花铃期叶面积达最大，代谢旺盛，是需水高峰期。北方棉区此期恰逢雨季，土壤一般不缺水。但初花期雨季到来之前，可适当浇一次水。另外，雨季还要注意田间排水，以免造成积水，影响根系活动。南方个别棉区，此时正值伏旱季节，应及时浇水，以水调肥，促进肥料分解和根系吸收。

（2）中耕培土：花铃期田间作业较多，易使土壤板结。中耕宜在封行之前，且不宜过深，以免伤根，影响根系吸收能力。中耕结合培土，对排灌、防倒都很有利。同时，初花期中耕，可杀死一些二代棉铃虫蛹，减轻三代棉铃虫害。

（3）整枝：主要有打顶尖、打群尖、抹赘芽和打老叶等。

打顶尖是棉花整枝技术中最重要的环节。适时打顶可以打破顶端优势，改变棉株体内养分运输和分配，使之集中供给结实器官，增加铃重；打顶尖又可适当控制主茎高度，改善田间通风透光条件，减少蕾铃脱落，增加有效铃数和促进早熟；打顶尖还可以消灭嫩尖、小叶上的虫卵，减轻害虫危害程度。打顶尖时间依地力、霜期、密度和棉花长势而定。因为生育后期的花蕾，开花至吐絮一般 70 天左右，所以，在初霜期前 80～90 天必须打顶。北方棉区一般在 7 月中下旬。南方棉区在 7 月中旬。打顶时要打小顶，即摘去顶端一个展开叶及其以上的生长点，不要大把抓。生长整齐的棉田应一次打顶。否则，可分次打。

打群尖又称打旁心，即摘去果枝顶尖。打群尖可控制横向生长，改善通风透光条件，减少养分消耗。能增加铃重，促进增产早熟。打群尖应从下向上分期进行。下部果枝留 2～3 个果节，中部留 3～4 个果节，上部果枝留果节数依棉株长势和霜期等灵活掌握。上部果枝打群尖最晚应在当地初霜前 70 天完成。另外，打群尖时要注意保留最末果节上的叶片，以利于制造养分供给同节位蕾铃发育。

抹赘芽和打老叶。赘芽要随出随抹，以减少养分消耗，使养分集中供给蕾铃。进入花铃期后，生长过旺的棉田易造成田间荫蔽，为改善棉株中下部通风透光条件，可分批打去主茎中下部的老叶，同时去掉空果枝，切忌打果枝叶。

（四）吐絮期的综合管理

1. 生育特点

棉花进入吐絮期后，营养生长和生殖生长都逐渐减退，根系吸收能力减弱，干物质积累减少。吐絮初期，伏桃逐渐成熟，秋桃正在长大。此期较高的温度、充足的日照和较低的湿度，可以加速碳水化合物的转化，促使脂肪和纤维素形成，并加速铃壳开裂和吐絮。

2. 田间管理

吐絮期管理的主要任务，一是为棉铃正常吐絮创造良好的环境条件，促进早熟；二是保根保叶，防止早衰。

（1）水肥管理。北方棉区后期遇旱会影响铃重，应及时浇水，并可以水调肥，时间在 9 月上、中旬为宜。如吐絮期脱肥，可叶面喷施 1％的尿素溶液和 0.5％的过磷酸钙溶液。南方棉区常年秋雨较多，应注意田间排水。

（2）整枝与推株并垄。高产棉田此期仍应及时抹赘芽、打老叶。后期徒长棉田可进行推株并垄，即将相邻的两行棉株并在一起呈八字形。隔 5～7 天后，再将其向两边推开。这样，每行棉花的两侧和行间地面，均可先后受到较充足的阳光照射，从而起到促进棉铃成熟吐絮、减少烂铃的作用。

第四节　病虫草害的综合防治

一、虫害及防治

（一）棉蚜

1. 发生

全国各地都有发生，越冬卵在树皮裂缝中、草本植物根际处越冬，次年春季孵化危害，发生最适温度 17.6℃～24℃，相对湿度在 70%以下，因此 5、6 月份适于棉蚜发生。

2. 防治

（1）农业防治。主要有科学布局作物，改变种植方式，充分利用间套等轮作制度防蚜；选育抗蚜品种，如目前推广的陕棉 4 号、军海 1 号、陕 1805 号等；注意田间管理，避免过多施氮肥。

（2）化学防治。10%吡虫啉可湿性粉剂 3000 倍或 25%阿可泰水分散粒剂 500～1000 倍喷雾防治。

（3）生物防治。保护和投放天敌，严格控制施用化学农药，棉田种植油菜诱集带是保护天敌、增加天敌数量的有效措施。当天敌数量不足时，可利用人工饲养或助迁的办法投放瓢虫、草蛉等天敌来控制蚜虫。

（二）棉叶螨类

1. 发生

各棉区均有发生，群集于落叶、杂草、树皮或土壤裂缝中越冬。次年气温达 10℃以上开始卵孵化。大风干旱最有利于棉叶螨发生。

2. 防治

（1）农业防治。要有轮作；清洁棉田；秋季耕翻；人工摘除虫叶；大水沟灌防止干旱。

（2）化学防治。应掌握在5月中下旬和6月中下旬叶螨的两次扩散期，采取发现一株打一圈、发现一点打一片的办法，将叶螨控制在点片发生阶段，普治田块尤其要注意使用选择性农药和改进施药方法，以便保护天敌，维持棉田生态环境的多样性和良性循环。常用药剂有：1.8％阿维菌素4000倍喷雾或用35克螨特乳油1000～1500倍喷雾。

（三）棉铃虫

1. 发生

各大棉区都有发生，一年发生3～7代，卵多产在上部嫩叶及棉铃苞叶上，幼虫危害蕾、花、铃等，温度25℃～28℃、相对湿度70％以上最适宜发生，阴雨、高温适于卵的孵化和幼虫的危害。

2. 防治方法

（1）农业防治。调整作物布局，种植玉米诱集带；结合棉花整枝打叉消灭虫卵；耕地锄地灭蛹；天气干旱时，灌溉灭蛹。

（2）化学防治。90％晶体敌百虫50g兑水1000kg喷雾，1.8％阿维菌素2000～3000倍喷雾。

（3）生物防治。在棉铃虫产卵始、盛期连续释放人工饲养的赤眼蜂2～3次，每次每公顷225万～300万头，卵的寄生率可达70％左右；释放草蛉也可消灭棉铃虫的幼虫；喷洒Bt乳剂防治初龄幼虫。

二、病害及防治

(一) 病害的发生时期

1. 苗期主要病害有立枯病、炭疽病，红腐病、疫病等，大多引起根茎受害。

2. 成株期病害主要有茎枯病、茎腐病、红腐病、角斑病、枯萎病和黄萎病，最主要的是枯萎病和黄萎病。

3. 铃期病害主要有铃疫病、炭疽病、软腐病、灰霉病、红腐病和红粉病，最主要的是铃疫病、炭疽病。

(二) 防治方法

1. 选用抗病品种

目前推广的有中棉所 12 号、中棉所 16 号、盐棉所 86—1 号等，对枯萎病有极高的防效。

2. 栽培措施的应用

对于以土壤带苗为主的病害如立枯病、枯萎病等，应推行与非寄主作物轮作。播种技术、田间管理水平对棉花病害的发生也有非常重大的作用。另外，注意适当减少田间灌水次数，做好雨后及时排水，及时去除田间病株残体，棉株秸秆还田前进行堆沤腐熟，秋后及时耕翻土壤等均有利于减少病原菌来源。

3. 化学防治

(1) 种子处理（见第二节）。

(2) 土壤处理，主要为了防治土传病害，常用的药剂是棉隆。

(3) 叶不施药，可用中国研制的保铃剂 1 号、2 号、8 号、12 号等，可有效防治铃疫病，减少烂铃，保产增收。

4. 生物防治

可推广微生物肥料（如田力宝、生物钾肥等），增施有机肥，培植棉株根系等有益微生物群，可增强生物防治效果。

三、草害及防治

（一）除草剂种类

目前棉田使用效果较好的有：

1. 48%氟乐灵 1500～1875g/km^2；

2. 48%拉索 2250～3000g/km^2；

3. 48%拉索 105g/km^2；＋25%绿麦隆 1950g/km^2；

4. 48%地乐胺 1500mL/km^2；＋48%拉索 1500mL/km^2

5. 48%地乐胺 2250mL/km^2；

6. 50%乙草胺 900mL/km^2。

上述除草剂效果均在 90%以上，持效期 60 天左右。此外，可用 35%稳杀得 750～1125g/km^2 喷雾。目前棉田除草剂种类虽多，但大多对一年生杂草，特别是对禾本科杂草防除效果较好，还缺少杀除多年生阔叶杂草的除草剂。

（二）除草剂的使用方法

1. 土壤处理

将除草剂在土中搅匀，或用细潮土搅匀，于播种后出苗前在棉行上条状喷洒或撒施于土表面，或在苗床播种盖土后出苗前，形成药膜层，使发芽生长的杂草由于接触或从根系吸收药剂进入体内而死亡。

2. 茎叶处理

将选择性较强的除草剂配成药液，在杂草最敏感的时期，喷洒在茎叶上，通过叶片吸收，起到除草作用。长江流域棉区春季阴雨连绵，应选用水溶度低的除草剂。北方棉区春季干旱少雨，应选用水溶度高的除草剂。

第五节　收获及后期管理

一、脱水成熟

棉花从棉铃开裂到充分吐絮约一周左右为脱水成熟期。随着棉铃开裂，纤维失水，细胞死亡，中腔内残留的原生质在棉铃开裂前后逐渐干涸，使纤维壁缩成扁管状，棉铃开裂后的3～4天纤维失水，等到棉铃开裂并失水干燥，棉铃充分吐絮时即可开始收获。

二、收花

棉花不同部位成熟时间不一致，应分批分次收获。不同批次收获的棉花分别存放，以便分出不同等级。

三、轧花

收获的籽棉初加工的过程称为轧花，就是把棉籽上着生的纤维和棉籽分离开，获得皮棉或原棉。轧花质量对皮棉品质好坏均有很大影响。目前中国轧花机分为皮棉轧花机和锯齿轧花机两种，前者易加工长绒棉和成熟度较差的籽棉。后者清杂力强，易加工优质棉且加工出的皮棉含杂质少，纤维整齐度高，现已成为棉花加工的主要设备。

四、打包

打包是籽棉初加工的最后一道工序。初加工得到的皮棉松散而富有弹性、密度小，需经过打包压紧捆扎后，大大提高运输装载量和仓库储存量，且有利于防火、防潮、防污染，避免杂物混入，减少损耗，节约包装材料。

第九章　无公害向日葵的种植

第一节　选地与整地

一、产地环境

距离高速公路、国道、干道 1000m 以上，距地方主要干道 500m 以上。附近 2000m 以内没有医院及生活污染源，1000m 以内没有工矿企业。符合 NY/T 391—2000 中“农田灌溉水中各项污染物的浓度限值指标”水质评价标准、NY/T 391—2000 中“土壤中各项污染物的含量限值指标”和 NY/T 391—2000 中“环境空气质量要求”。

二、地块选择

（一）土壤条件

土壤耕层深厚，地势平坦，排灌方便，土壤结构适宜，理化性状良好，有机质含量 10g/kg 以上，碱解氮含量 40mg/kg，速效磷含量 15mg/kg 以上，速效钾含量 80mg/kg 以上，土壤 pH6.5～7.5，土壤全盐含量不得高于 2g/kg。

（二）茬口选择

向日葵连作会使土壤养分特别是钾素过度消耗，地力难以恢复。向日葵的伴生寄生性杂草列当，向日葵病害如褐斑病、灰霉病、叶枯病、锈病以及葵螟、蛴螬、小地老虎等，都会因连作而为害加剧。向日葵对前作要求不严格，除甜菜和多年生深根系牧草外，谷类作物、豆类作物等均是向日葵的良好前作。

向日葵病害多，特别是菌核病、锈病最易发生，同时列当是向日葵的伴生寄生性杂草。连作会使这些病害、草害加重，造成向日葵大幅度减产。因此，必须实行合理轮作。一般与禾谷类作物轮作，周期为5年，至少3年，病害、草害严重发生的地区应5～8年。

三、整地

播前要进行深耕，一般耕翻深度为20～25cm。对于土层深厚、土质黏重或盐、碱地块可适当加深。砂质土、砂壤土、坡梁旱地不宜深翻。在深翻的同时每亩施1500～2000kg有机肥，磷肥50kg，碳酸氢氨50kg，钾肥15kg，深耕20cm翻入土中。翻地宜早不宜晚，争取在秋后冬前完成，以利土壤熟化，在晚春耙地，平整地块。夏播向日葵应在前作收获后，立即浅耕灭茬，翻压基肥，耙耱平整，马上播种，如果前作收获较晚，来不及浅耕灭茬，可以先浇底墒水，带茬播种，等齐苗后灭茬。

第二节　品种选择、种子处理和播种

一、品种选择

1. 优质、抗病、高产、适应性强、商品性好。

2. 根据用途选择油用型、食用型和中间型的品种。

其中油用型籽实小，果壳较薄、种仁含油率50%以上，植株较矮小，生育期短，适于榨油。食用型籽实大，果壳厚有棱，种仁含油率30%～50%，植株高大，生育期长，适于炒食。中间型的性状介于两者之间，它的籽实接近于油用型，而株型又与食用型相似，这种类型一般产量较高。根据地区特点选用相应品种，春播地区选择生育期长的品种，夏播地区选用生育期短品种。

二、种子选择与处理

（一）精选种子

花盘外缘的种子虽大，但空壳率高，含油率低；花盘中心的子实粒小且不饱满，均不适于作种，因此选择上述两者之间的子实作种，同时对种子进行精选，先筛去夹杂在种子间的病菌菌核等杂质，然后，用水浸泡，使种子与菌核分开。方法是将种子置于45℃～50℃温水中，每100kg种子用200kg水，搅拌15min，捞出浮于上层的种子晒干备用。

播前对种子进行风选、筛选、粒选，剔除病粒、虫粒及秕粒、小粒等，以提高种子纯度和千粒重。一般情况下，妥善保存3年的向日葵种子仍能使用，保存不当会降低发芽率，所以要尽量选用上年收获的新鲜种子。种子精选后，要进行发芽试验，保证发芽率不低于95%。

（二）种子处理

在播前要晒种1～2天，为了预防菌核病和锈病的发生，要进行药物拌种，药剂有多菌灵、速克灵等。同时每公斤种子用2g钼酸铵拌种，具有明显的增产效果。

在盐碱地种植要用盐碱水拌种，取1kg盐碱土加2kg水，充分搅拌，澄清后滤去杂质、泥土，然后浸种 12 小时，捞出后播种，使种子从萌动时就接受盐碱锻炼。

三、播种

（一）播种期

适时播种。春播气温稳定通过 14℃，5cm 地温稳定通过 10℃时播种。夏播适期内越早越好。对于无霜期短的地区应适当早播，以避开灌浆成熟期低温对营养积累的影响。一般春播区和春小麦同期播种，对于生育期较长的地区，应根据当地气候条件，调整播期，使向日葵开花授粉期避开雨季，夏播地区则应在前作收获后及时抢播。

（二）播种技术

向日葵的留苗密度要根据当地气候、土壤条件、耕作水平和采用的品种来确定。食用型品种植株高大，每亩保苗 2000 株左右，行距 60cm、株距 50cm；油用型品种植株矮小，每亩保苗 2300～2500 株；气候条件好、土壤肥力高，密度可适当大些，反之则小些。向日葵播量一般油用型 0.5～1kg/亩，食用型 1～2kg/亩。播种方式有穴播、条播和育苗移栽等方式。不论哪种方式，播种都不宜太深，过深会造成幼苗顶土困难，甚至闷死在土里。一般播深以 5～6cm 为宜。墒情不好的地块也不要超过 7cm。播深要一致，播种时应施用种肥，磷肥20～30kg/亩，碳酸铵 20～30kg/亩。为了防治地下害虫，可用药剂毒土随播种撒入沟内，播种后先踩种，然后覆土 5cm。

向日葵从播种到出苗，春播一般需 12～16 天，夏播需5～7 天。向日葵子叶肥大，常带壳拱土，出土比较困难，因而雨后应及时轻浅锄，破除板结，以利出苗。

第三节 向日葵的田间管理

一、苗期管理

从出苗到现蕾，春播为30～50天，夏播为30天左右。苗高3～5cm时，成片成行缺苗的要催芽补种，缺苗少的移栽，补苗要早，栽苗要小，使补栽苗和原苗生长一致。当一对真叶时，结合间苗进行一次中耕除草，利于壮苗，这次中耕以3cm为宜，每穴留2苗。在2对真叶期定苗，每穴留苗一株。盐碱地及虫害较重的地块定苗可推迟到3对真叶期，若有缺苗现象，可在邻近每穴留双株。定苗后10天左右进行第二次中耕除草，深度可达7～10cm，在苗高50～70cm时，进行第三次中耕培土，深度为10～13cm，以促进生根入土，防止倒伏。

二、蕾期管理

当植株顶端出现直径1cm左右的花蕾时，称为现蕾期。从现蕾到开花，春播需25～30天，夏播需18～21天，此期正是营养生长和生殖生长并进阶段，需水需肥量最大，应加强管理。现蕾前后，是决定小花数目多少的关键时期，这时应结合中耕追施硫酸铵15kg/亩或碳酸氢铵20～30kg/亩或尿素7～10kg/亩，追施方法应掌握碳铵深施，其他肥浅施，雨后施或结合浇水施肥。有条件的还可亩喷施0.2%～0.4%的KH_2PO_4溶液50kg。现蕾到开花期遇干旱要浇现蕾水。在向日葵的茎秆上、中部的叶腋间，会长出许多分枝，一经发现要立即打掉，做到打小打了。

三、花粒期管理

开花到成熟，春播需 35～45 天，夏播需 30～40 天，此期营养生长逐渐转弱，转入生殖生长为主，决定着结实率和籽实的产量。此期叶面喷施 0.2%～0.4% KH_2PO_4 溶液 50kg/亩 1～2 次可促进籽实饱满，提高产量。由于向日葵是异花授粉作物，完全依靠外力来完成花粉传递，须进行人工授粉。当田间开花株数达到 70%以上，单盘开花 2～3 天后，可进行第一次授粉，隔 2～3 天再进行一次。授粉时间应在露水干后到上午 11 时。用直径 10cm 左右的硬纸板，铺上一层棉花，然后用纱布将棉花和纸板蒙上，做成了粉扑子，授粉时用粉扑子逐个轻轻接触花盘几次，就达到辅助授粉的目的。也可在向日葵开花期，用车载蜂箱，带着蜂群流动授粉，效果最好。在花粒期可进行一次浅中耕，破除板结，增加地温，清除杂草。此期易发生菌核病和向日葵螟。菌核病可用甲基托布津喷洒花盘背面，防止烂盘，向日葵螟可用敌百虫防治。

四、成熟、收获与贮藏

当植株茎秆变黄，叶片大部枯萎或脱落，花盘背面发黄，叶柄褐色，舌状花凋萎或脱落，果皮坚硬时，应抓紧收获。收获前要选择一些植株低矮，花盘较大，生长健壮，无病虫害的花盘，去掉中间部分秕粒和外围厚皮粒，留作种用。收获时可先割下花盘，翻晒两天，然后脱粒，扬净晒干贮存。向日葵种子安全贮藏的含水量为 8%，贮存时应通风干燥。

第十章　无公害芝麻的种植

第一节　选地与整地

一、产地环境

距离高速公路、国道、干道1000m以上，距地方主要干道500m以上。附近2000m以内没有医院及生活污染源，1000m以内没有工矿企业。符合NY/T 391—2000“农田灌溉水中各项污染物的浓度限值指标”中水质评价标准、NY/T 391—2000“土壤中各项污染物的含量限值指标”和NY/T 391—2000“环境空气质量要求”。

二、地块选择

（一）芝麻生产对土壤的要求

土壤耕层深厚，地势平坦排灌方便，土壤结构适宜，理化性状良好，有机质含量1.0%以上。碱解氮含量40～60mg/kg，速效磷含量15 mg/kg以上，速效钾含量80 mg/kg以上。土壤pH 6～7.5，土壤全盐含量不得高于0.3%。

（二）重施有机肥，培肥地力

1. 原因：有机肥能改善土壤结构，使土壤松紧适宜，保水保肥，保持良好的土壤通透性，利于微生物活动，加速土壤养分分解，及时供应芝麻根系吸收利用。

2. 有机肥种类：利于芝麻生长的有机肥有以下几种：厩肥、人粪尿、陈墙土、杂草堆肥、草木灰等。

（三）合理轮作和倒茬

芝麻最忌连作，连作后杂草繁多，病害严重，易造成幼苗死亡。芝麻是比较好的短期中耕作物，枯茎落叶等归还的养分较多，是多种农作物的良好前作。因此，种植芝麻的地区，都有轮作习惯。芝麻适宜的前作以禾谷类作物最佳。而豆科（尤其大豆）、茄科（特别是烟草）作物不宜作芝麻的前作，因为有相同的病原微生物危害。

全国各地芝麻的轮作方式较多。如在春芝麻区有春小麦—春芝麻—春玉米—春大豆—春谷（或高粱）轮作（黑龙江省）；在夏芝麻区有蚕豆或豌豆—夏芝麻—小麦—夏玉米—小麦＋棉花（湖北、河南）；在秋芝麻区有早稻—秋芝麻—小麦或油菜轮作（江西）。

除轮作外，芝麻的间混套作方式也较多。如麦垄中套芝麻，芝麻与玉米、甘薯、花生、绿豆等农作物间作，芝麻与棉花、甘薯、绿豆等农作物混作。在这些间混套作中，芝麻常作为补缺或耐旱抗灾的农作物。

三、耕作整地

芝麻种子小，幼苗根系弱，因此播种前要求地面平整，土壤细碎，上虚下实，水分充足且具防渍措施。整地过程包括灭茬、施肥、耕翻、耙耱、平地和防渍措施。

1. 夏秋芝麻整地

采用犁垡的方法比较好，即当前茬作物收获后，必须趁墒犁地随犁随耙，切勿晾垡，以免跑墒。犁地深应以 15～30cm 为宜。耙地遍数要根据土壤墒情和土质而定。黏重土壤或墒情差坷垃多的地块要重耙、多耙，以将土块压碎、耙实、耙平为准，墒情好或沙壤土、轻壤土的地块，一般用钉齿耙或圆盘耙、直耙（通耙）和斜耙（对角耙）各一遍即可。

2. 春芝麻整地

春芝麻是在冬闲地上播种，其整地经历秋、冬、春三个季节，分秋耕、冬耕、春耕和播种前整地四道程序，要求深耕改土、蓄积水分、清除杂草、提高整地质量。前茬作物收获后，立即秋耕，耕深 17cm 左右。在结冻前抢时冬耕、深耕，耕深 23～30cm。冬耕一般不耙，以便接纳雨雪。春季旱，风多，土壤蒸发量大，必须认真进行早春耙耢。一般从解冻开始耙 2～4 次，防止地面板结以利保墒。播种时为了提高播种质量和翻埋底肥，应进行最后一次整地。若土壤墒情好，就浅犁细耙，若墒情差则不犁多耙。

3. 沟厢种植和垄作

芝麻怕涝怕渍，必须在整地时打好防涝基础。作沟作厢应根据地势和土质确定厢的宽窄和沟的深浅。耕地时按厢沟相隔宽度在厢中间起犁，一厢一沟，顺序进行。之后再按厢长在地中间用犁挖出腰沟。地块周围挖围沟，围沟通向排水沟，做到沟沟相通，排水通畅，旱涝保收。在江西、广东、福建等南方芝麻产区采取高畦垄作。防涝效果也比较理想。在芝麻生长期间，注意结合中耕进行培土，加厚土层，修整厢面，清理沟深，保证排灌通畅。

第二节　品种选择、种子处理和播种

一、品种选择

（一）品种选择原则

1. 产量潜力大

无论是单秆型品种，还是分枝型品种，在丰产性状上，一是要选育腿低、节间短、蒴密的品种，才能获得较多的蒴数；二是选择较长较大的三花或单花的四棱蒴果，争取粒数多，千粒重高。

2. 品质优良

芝麻优质性的主要标志是种子含油量高，一般品种含油量在55%左右，高的达58%。从种皮色泽看，含油量是白＞黄＞褐＞黑。同一色泽，种皮薄的含油量高于种皮厚的含油量。

3. 稳产性好

芝麻的稳产性主要表现在抗性上，一是耐渍性强；二是抗病性强，尤其抗茎点枯病、青枯病、枯萎病等，植株外部形态上表现为叶色深绿，叶片小，茸毛短小；三是抗旱性强。

4. 生育期适中

夏芝麻生育期一般在90天左右，春芝麻生育期为95～100天。

（二）常用芝麻品种

1. 豫芝4号：单秆型中早熟品种，高抗枯黄萎病，抗逆性强，适应性广，适宜在长江以北芝麻产区种植。

2. 豫芝5号：单秆型中熟品种，抗倒抗病耐渍，适宜高肥水地种植。

3. 豫芝 6 号：单秆型白芝麻品种，高抗枯黄萎病，抗倒，抗逆性强，适于江淮流域芝麻产区种植。

4. 豫芝 7 号：单秆品种，耐涝耐旱，抗倒抗病，适宜麦垄套种或夏直播早茬。

5. 豫芝 8 号：高抗叶斑病、枯萎病，适宜春、夏播。

6. 豫芝 9 号：高抗茎点枯病和枯萎病，适宜高水肥地夏播。

7. 中芝 8 号：耐渍，抗病性强，适应范围广。

8. 冀芝 1、2、3 号：抗倒耐渍，抗叶斑病、病毒病，适宜长江以北春芝麻区和部分夏芝麻区种植。

9. 豫芝 10 号：高抗茎点枯病和枯萎病，较耐渍，适宜长江以北芝麻产区种植。

二、种子处理

（一）晒种

可以打破种子休眠，提高发芽率。播前选晴天，将种子置竹、苇席上，在阳光下摊晒 1～2 天。

（二）选种

风选或水选，选粒大饱满、无病虫杂质的上等种子。

（三）发芽试验

随机取样，发芽率在 90％以上时即为良种。

三、播种

在适宜的播种期播种对获得芝麻高产非常重要。一般春芝麻区5月播种，夏芝麻区6月播种，秋芝麻区7月播种。一般情况下，撒播、条播和点播每公顷播量分别为6kg、5kg、4kg，可出90万～180万株苗。若采用种衣剂包衣，使种子大粒化或丸粒化，不但可保证一播全苗壮苗，而且可以节约种子。一般精选千粒重3g的种子，500g约17万粒，包衣后可供8亩地播种。在轻壤和壤土地上，芝麻的播种深度在3～4cm。

第三节　芝麻的生育特点及对环境的要求

芝麻生育期长短因品种、播期、温度条件不同可有很大变化，一般夏芝麻需80～110天，春芝麻需135～150天。芝麻一生可分5个生育时期。

一、芝麻的生育特点

（一）出苗期

从播种至子叶出土即为出苗期，夏芝麻出苗期需4～7天。出苗期长短取决于湿度和土壤水分，萌发适温24℃，适宜土壤水分17%～23%。

（二）苗期

从出苗至现蕾，夏芝麻约在出苗后25～35天，当主茎具有6～8对真叶时现蕾。苗期茎叶和根部生长缓慢，干物质积累少，出苗后不久花芽分化即开始。

（三）蕾期

从现蕾至开花，一般需7～15天，此期营养生长和生殖生长都加快，干物质积累速率和吸收的肥料量显著多于苗期。

（四）花期

自始花至终花，历时40～60天，因品种和栽培条件而异。花期是芝麻一生中营养生长和生殖生长最盛期，这一时期叶面积指数的大小对植株干物质积累量、单株有效蒴数、植株干重、种子重量都有显著影响。

（五）蒴果发育成熟期

从终花至成熟，一般在15～20天，此期营养生长已停止，主要是蒴果和种子发育成熟。

二、芝麻对环境条件要求

芝麻原产于亚热带，广泛分布于亚热带和温带地区，性喜温暖和日照充足，耐旱而喜湿润，但忌渍害，对环境条件要求是：

（一）温度

芝麻全生育期需要积温2500℃～3000℃，种子出苗发芽适温是18℃～22℃，土壤温度稳定在15℃以上是最适播种期。苗期生长发育适温为20℃～24℃，开花结蒴期日均气温为28℃～30℃有利于蒴果和籽粒发育。因此芝麻适播期应在6月初以前，这样刚好使各个生育期处在最适温度环境中，利于高产。如播种过晚，苗期刚好处在高温期，导致植株始蒴部位增高，发育成高脚苗，节间加长。而到花蒴期高温阶段逐渐过去，气温下降，生长速度减缓，迫使提前结顶，结蒴少，产量低。因此，夏芝麻还要抢时早播，为芝麻生长创造适宜的环境条件。

（二）水分

水分参与芝麻生理代谢、养分输导和温度调节。芝麻全生育期每 667m^2 耗水 200m^3 左右。苗期需水量仅占全生育期总需水量的 4%，土壤水分少，便于幼苗扎根，水分多时苗弱、腿高、抗逆性差、易生病。花蒴期是生长最旺盛阶段，耗水量最多，占整个生育期的 53%，但此期芝麻对水分十分敏感，即怕旱又怕涝。因此，此期要及时做好防旱排涝，封顶后根系吸收力减弱，叶片蒸腾作用降低，需水量仅占全生育期的 19.7%，此期一般不需灌水。

（三）光照

芝麻属短日照作物，但由于栽培历史悠久，在不同纬度地区的日照条件影响下，形成了适应日照反应的品种，在长短日照条件下都能结实。北方品种适应于长日照，南方品种适应于短日照，北种南移会使生育期缩短，植株矮小，产量低；相反，南种北移会使生育期大大延迟，植株高大旺盛，腿高蒴稀，所以芝麻引种范围不应超过纬度 4 度。芝麻全生育期都要求充足光照，特别是中后期充足的光照可满足光合作用对光的需求、提高光合效率、加速光合产物的积累至关重要。

（四）土壤和养分

芝麻怕渍，地势低洼、排水不良或地下水位过高的土壤上种芝麻，最易受涝减产。因此应选择地势较高、排水良好的土地种植芝麻。芝麻要求土壤氮、磷、钾三要素中，氮、钾需要量较大，应配方施肥，平衡土壤营养供应。

第四节　田间管理

一、破土壳

芝麻播后遇雨，雨后曝晒，地表易形成硬壳。要在地表微发白时重压、多耙、碎土保墒以促全苗。若播种后遇干热风，地表失墒快，致使种子不能发芽或发芽后干死，可先灌溉，而后适时松土。

二、间苗、定苗

第一次间苗宜早，即在第一对真叶时进行。第二次间苗在2～3对真叶时进行。在3～4对真叶时定苗。按要求密度选留壮苗。芝麻产区生态条件差异较大，其密度要因地制宜。在东北、华北、江淮、江南等地区，单秆型的每亩分别为1.2万～1.5万、1.0万～1.2万、1.0万～1.5万、2.0万株，多秆型的每亩分别为0.6万～0.9万、0.6万～0.8万、0.6万～0.8万、1.0万～1.5万株。

三、科学施肥与排灌

芝麻是需肥较多的农作物，据研究，每生产50kg芝麻籽实，所需纯N 4.5～5.5kg、P_2O_5 1.25～1.34kg、K_2O 5～6.1kg。吸肥的规律是，开花以前少，初花至盛花比较多，盛花到成熟阶段最多。在施肥技术上要注意以下四点：

（一）增施基肥

高产芝麻一般每亩施农家肥1500～2500kg。若肥少时要浅施，集中施。

（二）适时追肥

追肥是补充芝麻养分的主要形式，可根据具体情况进行地面追施或叶面喷施。结合叶面喷肥还可喷洒植物生长调节剂或农药，促进或延缓芝麻生长和防治病虫害。

（三）大力推广芝麻配方施肥

（四）灌溉

一般掌握两次关键水，一是现蕾水，二是开花结蒴水。防渍方面，要采取综合措施：一是选择高燥地块种植；二是选用耐渍性强、抗病性强的品种；三是中耕培土，使田块排水良好；四是雨前不中耕；五是大雨后及时排水。

（五）打顶摘心和及时收获

芝麻是无限花序，陆续开花，陆续成熟。所以，要适时打顶摘心，使养分集中，蒴果成熟一致，籽粒饱满，早熟增产。摘心时间，单秆品种应在生长停止前茎秆顶端刚形成冒尖时进行；分枝型分两次进行，先将主茎顶打去，促分枝生长，待分枝停止生长前顶端刚冒尖时摘心。摘心宜在晴天进行，可去顶尖 3cm 左右。芝麻进入终花期后，逐渐成熟。当中、下部蒴果中籽粒已出现品种固有色泽的植株达 70％以上时，即到了成熟期。一般以蒴果转黄，开始落叶时为收割适期。以刈割为好，在近地面 3～7cm 处割断，捆成小把，运回晒场或就地曝晒，过 3～5 天便可脱粒。

第五节　芝麻的病虫草害防治

一、病害及防治

（一）芝麻枯萎病

1. 发生及症状

芝麻各生育时期均可遭受病害，主要发生在终花后，病害从根或茎基部开始生长并向上蔓延，根变褐枯萎，茎受害呈水渍状，进而发展成黑褐色病斑。发病植株叶片自下而上呈卷缩萎蔫状。病菌以菌核在种子、土壤和病残体中越冬，成为来年初侵染源。温度25℃以上，降雨多，有利于大规模发生。

2. 防治方法

(1) 栽培管理。一是与禾谷类、甘薯等作物轮作三年以上；二是实行沟畦栽培，保证灌排通畅。

(2) 因地制宜推广抗病虫品种。

3. 药剂防治

种子处理，可用55℃～60℃温水浸种10min，用种子量0.2%的50%多菌灵可湿性粉剂拌种或50%福美双500g拌种100kg，在芝麻苗期、蕾期、盛花期用40%多菌灵胶悬剂700倍液喷雾或在芝麻结顶时用1∶1∶150波尔多液等保护性杀菌剂喷雾两次。

（二）芝麻叶枯病

1. 发生及症状

全国各芝麻产区都有发生，主要危害叶片，叶上病斑开始小，后扩大成近圆形角斑，以菌丝在病残体内或以分生孢子在病残体表面越冬，也可在种子上越冬。病害发展适温 27℃～30℃。芝麻生长中后期，多雨或田间湿度大则发病重。

2. 防治

（1）农业措施。杜绝病菌来源，降低田间湿度，培育健壮植株。如种子处理、无病虫留种、轮作、清除病残体、增施有机肥和磷、钾肥等。

（2）药剂防治。发病初期，用 40％多菌灵胶悬剂 700 倍液或 25％多菌灵可湿粉 500 倍或 70％代森锰锌可湿粉 700 倍在花期和封顶前各喷雾二次。

（三）芝麻疫病

1. 发生及症状

分布于湖北、河南、山东等省，是毁灭性病害，常引起连片死亡。寄主只有芝麻，以中后期发病较多，先从茎基部形成暗绿色水渍状病斑，红褐色，表层松软，纵裂，茎上部和蒴果受害呈现墨绿色病斑，叶片上呈现较大黄褐色斑状。以菌丝、卵孢子在土壤病残体及种子胚中越冬，田间一般 7～8 月份流行。持续阵雨或田间高湿有利于病害发生。

2. 防治

（1）农业防治。轮作、清除病残体、高畦栽培、清沟防渍等措施，都可有效预防病害。

（2）药剂防治。发病初期，用 25％甲霜灵可湿粉 500～700 倍，或 58％甲霜灵锰锌可湿粉 500～700 倍喷雾防治。

（四）芝麻枯萎病

1. 发生及症状

在河南、湖北、江西等省发病较重，只侵染芝麻。苗期发病引起幼苗枯死，或初期发病，先引起根发褐腐烂，茎呈赤褐色，叶片变褐干枯，病株蒴果小，早熟易裂，病菌在种子内外及土壤中病残体上越冬，在土壤中可存活数年。河南等地一般7月上旬发病，8月底达发生盛期，5～10cm土温26℃～30℃及土壤含水量17%～27%适宜其发展。

2. 防治

（1）农业防治。重病田要与其他作物轮作4～5年。轻病田要注意使用抗病品种、无病种子，增施肥料、培肥地力、清除田间病残体、田间管理避免伤根等措施。

（2）药剂防治。用51℃～55℃温水浸种30min或用硫酸铜浸种30min。

（五）芝麻病毒病

1. 发生及症状

主要发生在湖北、河南、江西及安徽等省的芝麻产区，田间表现为黄花叶、普通花叶和皱缩花叶三种症状。一般年份以黄花叶零星发生为主，周围若有花生或十字花科作物易加重病毒病发生，蚜虫发生重的年份易引起普通花叶病的发生。

2. 防治

（1）农业防治。避免花生与芝麻邻作或间作。清除周围芜菁花叶病毒的寄主，适时晚播，避开蚜虫迁飞高峰。

（2）药剂防治。首先，防治蚜虫，用10%吡虫啉可湿粉3000倍或40%乐果乳油1500倍，或25%溴氰菊酯乳油2000倍喷雾防治；其次，药剂直接防治，发病初期用20%病毒A可湿粉500倍或1.5%植病灵乳剂1000倍，或0.5%抗病毒活水剂250～300倍喷雾，隔10天左右喷1次，连喷2～3次。

二、虫害及防治

（一）天蛾

1. 发生及症状

天蛾分布在各芝麻产区，为害芝麻叶、嫩茎和蒴果，严重时叶子被吃光，芝麻籽粒瘦秕。河南 1 年发生 1 代，幼虫危害盛期为 7 月中下旬，湖北、江西等地 1 年 2 代，分别发生在 7 月和 9 月，该虫以蛹在土中越冬，初孵幼虫集中于嫩叶上取食，后为害全株。

2. 防治

（1）物理防治：灯光诱杀成虫。

（2）药剂防治：幼虫盛发期用 80％敌敌畏乳油 1500 倍或 90％晶体敌百虫 2000 倍喷雾防治。

（二）地老虎

1. 发生及症状

全国芝麻产区都有发生，引起芝麻缺苗断垄。小地老虎是迁飞性害虫，1 月份 30℃等温线是其越冬北界，10℃等温线以南地区是其主要越冬区。小地老虎每年随季风在春秋季南北往返，成虫趋化性、趋光性强，卵产在枯草秆、土块或寄主植物上，1～2 龄幼虫取食植物心叶，3 龄以后开始扩散，昼伏夜出，4 龄以后幼虫多将寄主茎基部咬断，将苗拖入土中取食。黄地老虎全年发生 2～4 代，以幼虫或蛹在田埂和沟渠的向阳面 5～8cm 深处，越冬卵多产在地表的枯枝落叶、根茬及植物近地面 1～3cm 处的老叶上，春秋两季为害，以春季为害重。

2. 防治

（1）农业防治：早春清除杂草可以减少地老虎产卵。

（2）化学防治：用90%敌百虫250g加碾碎炒香的芝麻饼（或豆饼，麸皮）50kg加适量水拌成，傍晚撒施在植株根部地表面，诱杀地老虎幼虫，也可以在幼虫3龄前用90%敌百虫800～1000倍液喷雾防治。

三、草害及防治

（一）杂草发生

芝麻田杂草种类较多，各地区分布略有不同，春芝麻田主要杂草有马唐、牛筋草、野燕麦、绿狗尾草、芦苇等，夏芝麻主要杂草有马唐、牛筋草、稗、千金子、刺儿菜、野苋等。秋芝麻主要杂草有马唐、牛筋草、千金子、画眉草、竹节草、地锦等。由于芝麻种子粒小，幼苗期生长缓慢，而夏芝麻在5月下旬至6月上旬播种，秋芝麻在7月上中旬播种，此时正值高温多雨季节，杂草萌发出土快，生长迅速，容易形成草荒。

（二）杂草防除

1. 播前土壤处理

氟乐灵是选择性芽前土壤处理剂，田间持效期较长，对芝麻安全，1次施药可基本控制芝麻全生育期的杂草危害，主要防治一年生禾本科杂草和种子繁殖的多年生杂草及一些阔叶杂草。在芝麻播前3～5天，黏质土壤及有机质含量高的田块，用48%氟乐灵乳油15～2.25L/hm^2，加水450～750L均匀喷雾土表，施药后立即耙地浅混土3～5cm深；干旱时要镇压保墒。

2. 播后芽前土壤处理

（1）都尔：该药为选择性芽前土壤处理除草剂。在芝麻播后芽前土壤处理用72%都尔乳油1.4～2L/hm^2，壤土用2～

2.8L/hm^2，黏土用 2.8～3.3L/hm^2 兑水 750L，均匀喷雾土表，有效防除一年生禾本科杂草及阔叶杂草。

（2）拉索：可防除一年生禾本科杂草和一些阔叶杂草，芝麻在播后芽前，沙质土壤用 48%拉索乳油 2.25～3.75L/hm^2。黏质土壤用 48%的拉索乳油 3.75～4.75L/hm^2 兑水 600～900L 喷雾土表。

其他还有杀草丹、敌草胺、都阿合剂等。

3. 苗后茎叶处理

（1）收乐通：该药为高选择性，内吸传导型芽后除草剂，在杂草生长旺盛期使用，可防除多种一年生或多年生禾本科杂草，每公顷用 12%收乐通乳油 375～525mL，兑水 300～450L，均匀喷雾。

（2）高效益草能：该药为内吸传导型，选择性苗后除草剂，施药后很快被杂草叶片吸收传导，对苗后至分蘖抽穗初期的一年生和多年生禾本科杂草有很好的防治效果。禾本科杂草 3～5 叶期，每公顷用 10.8%高效盖草能 375～500L，兑水 450L，均匀喷雾。

其他药剂还有苯达松、克阔乐等。

据国外介绍，大面积生产中，芝麻收获用收割机或割草机进行。收割后捆成束，交叉竖立田间，待干燥后，用普通脱粒机低速脱粒。

第十一章　无公害甜菜的种植

第一节　产地环境、地块选择及整地

一、产地环境

距离高速公路、国道、干道 1000m 以上，距地方主要干道 500m 以上。附近 2000m 以内没有医院及生活污染源，1000m 以内没有工矿企业。符合 NY/T 391—2000 中“农田灌溉水中各项污染物的浓度限值指标”水质评价标准、NY/T 391—2000 中“土壤中各项污染物的含量限值指标”和 NY/T 391—2000 中“环境空气质量要求”。

二、地块选择

（一）地势和土质选择

甜菜是裸根喜肥作物，适于生长在地势平坦，排水良好、土质肥沃的平川地或平岗地。地下水位高的低洼地，土壤通透性差，妨碍甜菜根系发育，容易发生立枯病和根病。黑土特别是“黑油砂土”是栽培甜菜的理想土壤。甜菜生长在这样的土壤里，根形整齐，块根产量和含糖率高，根汁的纯度也高。甜菜耐盐碱能力较强，但无公害栽培甜菜要求土壤含盐量不能高于0.1%。

甜菜对土壤要求不严，但最适宜的土壤是地势平坦、排水良好、地下水位在1m以下，土层深厚、肥沃的沙壤土，最适pH值为6.5～7.2，重盐碱地的甜菜灰分含量高，含糖量降低。

（二）茬口选择

甜菜忌重茬和迎茬，否则病情严重，降低产量。最适宜甜菜的前作是小麦，其次是玉米，油菜和亚麻也是甜菜的良好前作。

三、整地施肥

（一）整地

甜菜要求深厚疏松的耕层。生长在深翻的土地上，增产显著，深耕20～30cm时，甜菜增产10%～20%。甜菜种球里的种子很小，要求播种床平整，土壤细碎，因此，深翻后需精细整地。

（二）施肥

在耕翻地之前将有机肥撒在土壤表面然后耕翻。一般每667m^2施有机肥2000～3000kg以上。同时配合施用尿素10～13kg，过磷酸钙6～9kg，硫酸钾10～15kg，结合秋季起垄一次性深施于垄下12～15cm处。

第二节　品种选择与种子处理和播种

一、品种选择

1. 抗病、优质、高产、稳产、适应性强。

2. 纯度高，品质好。

3. 生育期适中。

二、种子处理

（一）选种

为了获得全苗壮苗，应选择种球直径大于 2.5mm、发芽率 75%以上、千粒重 20g 以上的新种球作种子。

（二）种子研磨

可以消灭部分附着在果皮上的细菌，减少种子发芽吸收的水分，以便种子顺畅地通过输送管。方法是将甜菜种子铺设 20cm 厚，用普通碾子磨 25～30 圈。种球的花萼和果皮全都脱落，只有个别的种子压碎，脱壳率以 18%左右为宜。

（三）种子处理

1. 温水浸种

用 40℃左右温水浸种一昼夜，捞出阴干或半干时播种，可加快种子发芽，提早 3 天出苗。

2. 药剂处理

（1）0.8%的敌克松药液拌种。

（2）用种量的 0.3%的适乐时悬浮种衣剂包衣。

三、播种

（一）播种期

甜菜播种是否适期不仅影响苗全、苗壮，而且直接影响产量和含糖率。我国北方以 5cm 土层达 5℃时为甜菜播种适期。一般播种春麦后即可播种甜菜，夏播甜菜一般在 6 月下旬乃至 7

月初，在冬小麦、大麦、油菜或其他夏收谷物的耕地上播种。

（二）播种量

甜菜播种量的大小应根据种子发芽率、种球的大小、播种方式和土壤墒情而定。一般每 667m^2 播种量不少于 1.2kg，如果整地和种子质量都高，用机械播种，播量可减至 1kg，碎种球可减至 600～800g，点播 800g 种子即可。播种方法有条播、穴播两种。条播又分机械播种和旧农具播种两种。甜菜种子粒小，吸水多，播种一般要进行镇压。覆土不能过厚，也不能过浅，以 3cm 为宜。

（三）播种密度

1. 确定种植密度依据

（1）品种：一般叶数多、叶片大、植株生长繁茂、块根产量高的丰产型品种，种植密度应小些。反之，高糖型品种密度应大些。

（2）气候条件：无霜期短、年平均气温低、降水少的地区，单株生长量相对小些，应增加密度，以便充分发挥群体的生产力。

（3）肥水条件：一般土壤肥力较高、施肥多、有灌溉条件的地块，甜菜植株生长高大，密度宜稀，反之宜密。

2. 种植方式

在甜菜生产上主要分为垄作栽培和畦作栽培两种种植方式。垄作栽培区，甜菜种植密度以每 667m^2 4000～6000 株为宜，畦作区以每 667m^2 5000～7000 株为宜。

四、育苗移栽

甜菜育苗移栽可延长生育期，提高产量。同时利用纸筒育苗，通过土壤消毒，可避免立枯病的发生。待到移栽时，幼苗已形成4片真叶，移栽后已避过害虫为害期。

（一）育苗时期及拱棚规格

适宜的育苗期为移栽前的35～45天，在当地夜间温度稳定在－5℃～－10℃时，进行育苗比较适宜。育苗拱棚规格长10m，宽1.75m，高0.75m，竹条间距1m。按上述规格构成的塑料薄膜拱棚，可育苗30册，移栽本田0.5hm²，苗床要设在地势平坦、排水良好、避风向阳之处。

（二）播种

1. 床土配制与覆土消毒

在播种前将腐熟的优质农家肥按1∶10与床土混合，随后用5mm筛孔的筛子过筛。播种时，每300kg土（6册纸筒用）一个单位，进行掺拌化肥和喷水处理。300kg土需加入120g氮、156g磷、48g钾和0.6g硼，分层撒入床土中，然后翻拌数次，使肥土均匀。根据土壤温度，在翻拌中喷洒适量水分，使土壤含水量达30％左右为度。每25g覆土（6册用）加5％的五氯硝基苯和40％立枯灵粉剂各50～70g，拌混均匀后覆在种子上面约1cm厚。

2. 播种

先将纸筒展开固定于墩土机上，然后装土，待全册纸筒装满后，操纵杠杆墩土3～4次，再将纸筒上端墩空部位装满，再墩土7～8次，清除筒上浮土，随后回转纸筒，并将装满土的纸筒抬至播种台。翻转后的盛土纸册，由于凸起板作用，每个纸筒上部形成一个深1cm左右的播种穴，随后播种，每穴一粒。全册播种后，用拌药的土覆盖，随后用刮板清除浮土，使网络清晰可辨，以利间苗。将播好的育苗纸册，安装于苗床里。

3. 扣棚

播完一床后，按拱棚规格，用竹条构筑拱棚。与此同时，将湿润的床面覆盖一层塑料薄膜，用以增温保湿。床膜四周用土封压，随后用塑料薄膜覆盖拱棚，四周薄膜延长 30～40cm，先行绷紧。四周用土压实，至此即完成一个标准棚的播种作业。

（三）苗床管理

1. 温度

在种子萌发至出苗期间，棚内温度昼间控制在 15℃～20℃，夜间控制在 5℃以上为宜。真叶展开后，棚内应缓缓降温。白天可揭膜，夜间盖膜，不要使温度低于 5℃以下。移栽前 10 天，晚上只罩塑料膜，撤去草帘，移栽前 5 天，全夜揭膜进行炼苗。

2. 湿度

播后用 30℃温水每册 10kg，分次喷于床面，以纸筒下端土壤湿润为度。此后不宜多浇水，保持床面湿润即可，否则易发生立枯病。到移栽前一周，水分控制在床面不过分干燥为宜。出床前一天，浇一次送嫁水，每册浇水 4～5kg，达到纸筒末端土壤湿润为准。出床时，筒内土壤含水量以 20％左右为宜，以利栽后幼苗成活。

3. 间苗

子叶展开后及时间苗。间苗要做到眼准手准，辨清筒间界限，不要误间整筒苗，而造成人为空筒。

4. 促壮苗

从幼苗真叶伸出 2～3mm 时开始，用细码扫帚轻轻扫动幼苗，一次扫动 3～5 遍，并隔日变换接触方向，接触程度以不伤幼苗为宜。此处理持续到移栽前，并逐渐增加到每次处理5遍。

5. 移栽前追肥

移栽前2～3天，进行一次追肥，将60g氮、80g五氧化二磷、24g氧化钾和0.3g硼溶于45kg水中，均匀喷洒在15册纸筒幼苗上。栽前追肥利于幼苗返青和生长。

（四）移栽

1. 移栽时期

当地表最低温度稳定在0℃以上，日平均气温10℃以上为移栽适期。移栽时以幼苗长出3～4叶为宜。

2. 移栽技术

移栽时0～15cm土壤含水量应达20%以上，否则应坐水移栽。移栽时，最好用手持移植器，移栽深度应使纸筒上端与地表相平，过浅过深均不适宜。移栽甜菜时要集中人力，缩短移栽期，以利于苗成活。

（五）移栽后管理

栽苗以后，立即查苗，调整移栽深浅，缺苗死苗处需补栽。当度过缓苗期后应抓紧第一次松土、除草和中耕，以提高地温，保蓄水分，促进幼苗生长。幼苗长至7～8片叶时，追施氮肥，并进行第二次除草中耕，以后的管理同大田直播。

第三节　甜菜对环境条件的要求

一、温度

甜菜是耐寒、喜冷凉作物，生长期为150～170天。在幼苗期要求平均气温为15℃～19℃；繁茂期为20.5℃～23.5℃；

成熟期为12.5℃～14℃。高温对增糖增重不利，苗期能耐－2℃～－3℃的低温；第一对真叶长出后，能抵抗－8℃的低温；收获的母根能耐－4℃～－5℃的低温。甜菜生育期内，要求≥5℃的积温为1900℃～3500℃，温差大对其生育有利，特别是在成熟期，昼夜温差在10℃以上，有利于糖分的合成与积累。

二、日照

甜菜是长日照作物，日照时数多、光照强度大有利于块根增长和含糖量提高。一般光照充足抑制其伸长生长，细胞壁加厚，茎叶机械组织发达，提高抗病能力。长日照对甜菜种株现蕾开花有利，在自然条件下已抽出的薹，只有20天以上的长日照（每天日照14h以上）就能现蕾开花。

三、水分

休眠的甜菜种子含水量约占干重的15％，干燥种子发芽需吸收种子重量的120％～160％的水分，保持播种层的土壤水分为其最大持水量的65％～80％时，甜菜发芽出苗良好。甜菜耗水量大，蒸腾系数为397。其中块根分化形成期耗水占全发育期的7.3％～17％，叶丛快速生长期和块根糖分增长期耗水量最多，占全生育期的50.8％～73.9％，糖分积累期耗水量占14.2％～41.9％。为了获得甜菜丰产，以上三个生长期土壤水分应分别保持田间最大持水量的55％、60％、65％。甜菜种株的蒸腾系数在650～1120之间，土壤水分保持在田间持水量的60％～70％为好，低于30％或高于90％都会严重降低种子质量。

四、养分

甜菜对氮、磷、钾需求量较大，每生产 1t 块根需氮 4.5kg、磷 1.5kg、钾 5.5kg。在成熟的甜菜块根中，1 份以氨基酸形态存在的氮，在制糖工艺过程中妨碍 25 份蔗糖的结晶，把蔗糖吸附到糖蜜里，起着有害作用，成为有害氮。随着氮肥施用量增加，块根中的有害氮量增加。增施磷、钾肥特别是磷肥，有降低甜菜块根中有害氮含量的趋势。甜菜出苗至定苗阶段，植株矮小、生长慢，吸收的营养物质不多，占全生育期吸收总量的 15%～20%；繁茂期甜菜生长量大，糖分积累加快，需要的营养物质最多，对氮、磷、钾的吸收量分别为整个生育期总吸收量的 70%～90%、50%～66%、53%～72%；块根成熟期，甜菜地上部停止生长，对氮素需要显著减少，对磷、钾的吸收保持较高水平，此时根系对营养的吸收能力很强，可根外追施磷、钾肥。

第四节　耕作栽培技术

一、合理密植

甜菜株距不能小于 20cm，行距不能小于 30cm。行距株距过小不便于中期管理，同时也限制单株发育，影响群体增产潜力的发挥。垄作行距适当宽些，以 50～60cm（4000～5000 株/亩）为宜，平作或畦作的行距以 40～50cm（6000～7000 株/亩）为宜，行距确定后再根据种植密度确定株距。土壤肥力高水分充足适当稀些，土壤肥力低水分不足适当密些，早播比晚播宜稀些，从而合理利用光能和地力。

二、田间管理

（一）出苗前

播种后如遇雨，应在出苗前及时用耙破除板结，耙深不超过播种深度，耙的方向应与甜菜行垂直或成45度角，或用锄在行间浅锄一次，达到松土灭草，提高地温，促进幼苗出土的作用。

（二）幼苗块根分化形成期

春季风沙严重地区，在齐苗后用犁在行间中耕一次，起到松土、灭草、提高地温、促进幼苗生长的作用。苗齐后要及时查苗，在缺苗断垄处应及时催芽坐水补种，缺苗较少时，可挖些健壮苗带土移栽。及早间苗、定苗对于培育壮苗、提高块根的产量和质量十分重要。应结合中耕除草在子叶期和一对真叶期间苗。条播的株距为5cm，点播每穴留3～4株。间苗10天后要进行定苗，定苗时要根据预订留苗数实行等距留苗。间苗、定苗应尽量选留子叶展开方向同垄向垂直的大苗、壮苗。结合间苗、定苗各进行一次中耕除草，第一次要浅，第二次要适当深些。

（三）叶丛快速生长期及以后的管理

封垄前进行中耕培土，以抑制根头生长，提高根体比重。在中耕时要尽量避免损伤甜菜叶丛。在基肥施用量不足时，易造成甜菜生长后期脱肥或生育后期缺乏某种元素时进行追肥。地力瘠薄、基肥不足或甜菜脱肥严重时，追肥量宜多些，反之则少追或不追。一般追肥量占总施肥量的20%左右。追肥时期应在定苗后一周乘雨追肥或结合灌水追肥。若氮素过多，块根的根头中有害氮含量就会增加，所以应该以氮、磷、钾肥配合使用。三要素的比例，好地好茬以1∶1∶1为宜；土壤含氮降低，磷、钾相对高的地区，以2∶1∶1较为合适。在叶丛快速生长初期、块根糖分增长期、糖分积累期可进行叶面喷施磷、钾肥。在叶丛快速生长初期，进行一次隔行灌水，促进提早封行。封行后到块根糖分增长期需水量急剧增加，要求土壤含水量达田间最大持水量的70%～80%，土壤水分缺乏时，要及时灌溉；糖分积累期要求土壤含水量为田间最大持水量的60%～70%，以保持田间有较大的叶面积系数和较强的光合势，加速蔗糖的合成和运转。收获前10～15天应停止灌水，以免甜菜产生新叶，消耗体内已积累的蔗糖，并带来工艺品质变坏和贮藏易腐烂等弊病。甜菜对土壤透气性敏感，应避免地下水位过高或田间积水，以免造成块根腐烂、绝产。此期甜菜易发生病、虫害，如褐斑病、白粉病等，应抓紧时间防治。当田间有10%植株发病后立即开始用药，褐斑病用百菌清、多菌灵或甲基托布津防治；白粉病用粉锈宁、多菌灵防治；害虫用菊酯类农药防治。所用药剂应2～3年轮换使用，以免病虫产生抗药性。

第五节　病虫草害综合防治

一、病害及防治

（一）甜菜立枯病

1. 发生

甜菜立枯病是甜菜苗期的主要病害，各地均有发生。在甜菜幼苗出土前，至出苗后均可发病。甜菜立枯病的几种病原菌多能在土壤中生活，所以土壤的温湿度、性质和结构对病害的发生有很大影响。一般是在土壤温度较低而湿度较高的条件下发病较重。苗期多雨、土壤板结或排水不良低洼地及土壤黏重、通气不良等，都有利于立枯病的发生。

2. 防治方法

（1）选用无病种子。用种子重量0.8%的敌克松拌种，能显著降低发病率。

（2）适时播种，及时松土，破除板结层，增强土壤中透水通气性，是减轻立枯病的主要措施。

（3）在黏重土壤内或低湿的土壤上多施有机肥，并应在播种时施过磷酸钙，促进幼苗健壮生长。

（二）甜菜褐斑病

1. 发生

甜菜褐斑病是我国甜菜生产上发生普遍、为害严重的病害之一。在多雨和温度较高的条件下，发病较重，一般可减产20%～30%，根中含糖量降低1～2度。病菌以菌丝体在病叶和种球上越冬。在田间产生的分生孢子随风雨传播，再重复侵染，继续发病。前作和当年病害的发生有密切关系。重茬和迎茬时，由于土壤中已遗有大量的病残体，病原数量大，所以病害发生较早，受害程度也较重。此外，土壤、地势与病害发生也有一定关系。一般黏性土壤、低洼地发病重，反之则轻。

2. 防治方法

（1）清理田间病残体，实行秋翻。收获后的甜菜地会留有大量的病残体，应清理回收，把能做饲料的青贮发酵或直接喂牲畜，然后进行秋翻，消灭菌源。

（2）建立无病种子田，选用抗病品种，加强田间管理，增施磷钾肥，都是防治褐斑病发生的重要措施。

（3）喷洒 1∶1∶100 波尔多液和 0.05%甲基托布津液。在发病重的地区可采用三次喷药；在发病轻的地区可进行两次喷药。三次喷药区，第一次在田间有 5%～10%植株发病（即首批病株出现）时立即进行喷药，以后每隔 15 天左右喷药。两次喷药区，第一次在首次病斑出现时或稍后 3～5 天进行喷药，第二次在前次喷药后 20 天左右进行。

二、虫害及防治

（一）潜叶蝇

1. 发生

甜菜潜叶蝇是甜菜的重要害虫之一。幼虫串食叶肉，严重时常使叶片枯死，影响光合作用，降低产量。在东北、华北每年发生 2～4 代，以蛹在土中越冬，成虫约于 5 月中下旬出现，在甜菜、菠菜等作物或杂草的叶背上产卵，6 天左右孵化为成虫，咬食叶肉，但不危害表皮。

2. 防治方法

在产卵盛期喷洒 1.8%阿维菌素 4000～6000 倍均匀喷雾，或 1.8%虫螨克乳油 4000～6000 倍均匀喷雾。

（二）小灰象甲

1. 发生

又名蒙古灰象甲，俗称放牛。东北、华北、新疆等地发生较普遍，是甜菜苗期的重要害虫。食性较杂，一年发生一代或两年发生一代、以成虫在土壤中越冬，成虫有假死性，无后翅，不能飞翔，靠爬行迁移。

2. 防治方法

（1）适当灌溉。加大土壤湿度，控制成虫活动为害。

（2）轮作倒茬。定期和其他作物轮作消灭虫源。

3. 药剂防治

1.8%阿维菌素 4000～6000 倍均匀喷雾，或 1.8%虫螨克乳油 4000～6000 倍均匀喷雾或其他生物农药防治。

三、草害及防除

（一）杂草种类

稗草、狗尾草、牛筋草、早熟禾、画眉草、黑麦草、油沙草、菟丝子等。

（二）常用除草剂

1. 阿畏达

（1）用药量及时期。每公顷用 40%阿畏达 30～40L，于甜菜播种前或秋施。

（2）使用技术。喷液量人工每公顷 450～750L，拖拉机 200L 以上。施后 2 天之内耙入土中，用圆盘耙耙地混土，耙深 10～15cm，车速每小时 6km 以上，耙地要交叉耙一遍。第二次耙地方向与第一次垂直，两次耙深一致，耙后起垄，秋施药在秋季气温降到 10℃以下时进行，对后茬作物安全。

2. 都尔

（1）用药量及时期

在土壤有机质 3%以下，砂质土每公顷用 72%都尔 1.5L，壤质土 2.5L，黏质土 2.8L；在土壤有机质 3%以上，砂质土每公顷用 72%都尔 2.1L，壤质土 2.8L，黏质土 3.45L，甜菜移栽前施药。

(2) 使用技术

喷液量每公顷人工 450～600L，拖拉机 200L 以上，飞机 30～50L。施药前要把地整好，田间不要有大土块和秸秆，对后茬作物安全。

(三) 其他除草剂

10.8%高效盖草能乳油、15%精稳杀得乳油、5%精禾草克乳油、16%凯米丰乳油、12.5%拿捕净机油乳剂。20%拿捕净机油乳油、12%收乐通乳油、16%甜安宁乳油等。

第六节　多倍体甜菜的栽培

体细胞有 27 个染色体的甜菜叫多倍体甜菜。生产上使用的多倍体甜菜是由二倍体甜菜和四倍体甜菜杂交得来的。因此它具有很强的杂交优势，叶面积大，长势旺盛，抗逆性强，块根茎叶产量显著的超过二倍体甜菜，产糖量比二倍体甜菜提高 15%。但多倍体甜菜含糖率比二倍体低，并且种皮厚，种子发芽势弱，发芽率低。所以多倍体甜菜对土壤和农业技术条件要求比较高。

1. 土壤肥沃，肥水条件要求高，多倍体甜菜有害氮和灰分含量比二倍体低 20%。因此肥水充足则甜菜单产高。

2. 多倍体甜菜种球里种子少，发芽率低，所以要播种在精细整好的土壤里，同时还要加大播种量，才能保证全苗。

3. 多倍体甜菜生长期较长，又不能当年抽薹，所以应早播晚收，以延长生育期，充分发挥它的丰产高糖性能。

4. 多倍体甜菜初期生长特别快，应早间苗、早定苗（两对真叶时），以适应甜菜幼苗迅速生长。

第七节　收获和贮藏

一、收获

（一）收获适期

甜菜应在“工艺成熟期”进行收获、所谓工艺成熟期是指块根生长基本停止，根中含糖率达到生育期间最高水平的时期。此时，非糖物质含量最低，根汁纯度达 80％以上。我国主要甜菜产区工艺成熟期为 10 月上、中旬，亦可将气温降至 5℃以下时，作为甜菜收获适期的气象指标。

从外观上看，当甜菜外围的多数叶片变黄、有明亮的光泽、叶丛松散、叶片多为斜立或匍匐状态、叶柄有比较浓的甜味、咸味变淡、块根增长缓慢、质地发脆、根汁浓度提高、水分减少时，甜菜就达到了“工艺成熟度期”，全田有 80％以上植株具有这种特征时即可收获。甜菜不可收获过早，否则块根产量、含糖率和纯度下降；也不可收获过迟，否则甜菜易遭冻害，降低块根中积累的糖分，不耐贮藏。一般当地气温降低到 5℃以下，初霜降后即可收获。

（二）收获方法

收获时，一般用去掉犁壁的翻地犁翻挖或人工挖掘，应尽量避免碰伤块根。挖出块根后要及时堆码，以免块根失水或受冻，不耐贮藏。堆码时根向里、叶朝外，一层层码好，逐渐收口，到顶端则根朝下，叶片自然垂下，形成圆锥体，每堆以 200～250 株为宜。起收的甜菜要及时切削，除掉块根上的泥土、茎叶以及部分青头和尾根，尾根应自直径 1cm 处切掉，以提高产糖量。切削时要防止切得过多或过少，并要防止破坏根体。

二、田间保藏

修削好的甜菜，如不能及时送交甜菜站，应于田间做堆保藏，以防止因裸露而造成萎蔫或冻伤。起收的甜菜散放 1 天，重量损失 6.2%。为此，收获时，在田间隔适当距离，挖 30cm 深，直径 1.5～2.0m 的圆坑；或 1m 宽、5m 长的长方形坑，备藏。每坑堆积块根 1m 余高，可贮藏 1500kg（堆大小可灵活适用），堆上覆土 10cm 厚，堆旁挖一排水沟，堆中不要混入破碎茎叶和杂草，防止因其腐烂而导致块根腐烂。同时保藏时要把病根、破伤根和霜冻变质的块根挑出。

第十二章　无公害甜菊的种植

第一节　概述

甜菊原产于南美巴拉圭东北部及与巴西国境相接的阿曼拜山脉，巴拉圭人称甜茶，巴西人叫做糖草。甜菊叶中含有7%以上的甜菊甙，甜度是蔗糖的300倍，热量为蔗糖的1/300。具有高甜度、低热量、甜味纯正、食用安全性较高的特征，并对肥胖症、糖尿病、高血压有一定疗效，所以甜菊甙作为甜味剂广泛应用于食品工业、酿造工业和医药工业领域。

近年来，甜菊作为新糖源受到国内外普遍重视。美国、日本、泰国等国先后引种栽培，逐渐扩展到世界各地。我国在70年代中期引进栽培成功。现以江苏、福建、广东、浙江和河南等省发展较快，其他各省也有少量栽培。甜菊实生苗第一年每亩可产干叶100～150kg，叶含糖甙已达10%～12%。若按甜度为蔗糖的300倍计算，每亩产甜菊甜度量相当于蔗糖3000～5000kg。甜菊适应性强，繁殖栽培容易，加工工艺简便，经济效益高，是一种很有发展前途的新兴高产甜料作物。

第二节　耕作栽培的生物学基础

一、甜菊植物学特征

甜菊是菊科斯台维亚属多年生或一年生草本植物。根系由初生根和不定根组成。初生根包括由胚根发育的主根和各级侧根，又称定根。甜菊定根不发达，在茎基部和根茎处可长出大量肉质化不定根。不定根发达，为甜菊根系的主体，一株可长出 60 余条。根系在土壤中分布较浅，深约 18～25cm，分布直径约 28～36cm。根重与茎叶重比为 1∶5，甜菊较易倒伏。

甜菊茎直立，高达 80～150cm，茎圆柱形，中实，顶部幼嫩柔软，中下部半木质化。幼茎绿色，表面有茸毛，老茎茸毛脱落呈黄褐色。一年生茎呈单秆型，二年生以后从茎基部和根颈处萌发出大量分枝呈丛生型。腋芽多对生，由腋芽萌发出枝条。甜菊分枝性强，一年生分枝 60 余个，二年生以后分枝多达 200 个。第一对分枝多由茎第八对腋芽发出，而下部腋芽则萌枝晚。因此，各单株分枝数多少及其长短不一，形成宽纺锤形、纺锤形、逆纺锤形、长圆柱形和不定形等株型，而以各类纺锤形株型的甜菊产叶量最高。甜菊叶通常对生，茎上部新叶也有互生。叶由叶片、叶柄组成，叶柄极短。叶长 4～11cm，宽 2.7～4cm。叶呈匙形或披针形，三出脉，叶正反面密生茸毛。由于甜菊是常异交植物，自然授粉情况下，分枝多少、节的疏密、叶片多少、叶片含糖甙量、叶色等在植株间有较大差异，直接影响单位面积叶的产量和质量。而叶形又常是选育丰产甜菊品系的主要性状。

甜菊为头状花序，由 4～6 朵小花集合着生在茎和枝的顶端。花冠管状，顶端 5 裂，白色两性花，聚药雄蕊，雌蕊子房下位，二心皮形成一室。花柱细长，露出花冠外，借助昆虫传粉。开花期如遇风雨，传粉受阻，则影响种子的产量和质量。

甜菊果实（生产上称种子）为瘦果，纺锤形，成熟果皮呈褐色，顶部长有淡黄色刚毛状冠毛。每果一粒种子，种子无胚乳，无休眠期，依靠冠毛可随风传播。千粒重约 0.4g，种子寿命不超过一年。

二、甜菊生物学特性

甜菊在原产地和我国南部亚热带地区为多年生，在纬度较高地区为一年生。多年生和一年生其生长习性在一年中基本相同，根据生长发育过程可分为：出苗期（播种至 50%出苗）、苗期（出苗至 50%出现分枝）、分枝期（分枝至 50%现蕾）、花蕾期（现蕾至 50%开花）、成熟期（开花至 50%种子成熟）。其特点是：苗期生长十分缓慢，营养生长和生殖生长并进时间长，现蕾开花时间持续长。

三、甜菊对外界环境条件的要求

（一）温度

甜菊种子发芽最低温度在 10℃左右，适宜温度是 20℃～25℃，现叶适宜温度为 25℃～30℃，低于 25℃现叶缓慢，温度稳定在 25℃以上现叶迅速，平均 2～3 天生出一片叶，短的一天可生一片叶。甜菊主茎在气温 16℃时开始生长，气温下降到 15℃时生长停止。主茎生长最快有两个阶段：一是分枝期，要求日均气温在 27℃以上；另一阶段是现蕾期，要求日均气温在22℃。主茎萌发分枝的气温为26℃，甜菊全生育期需≥10℃的有效积温4600℃。气温在22℃时开花和种子成熟正常；气温降至18℃以下虽可开花，但种子不易成熟；气温降至15℃时，只开花不结实。

（二）光照

甜菊是光照敏感的短日照作物，临界日照大约为12小时，短日照能促进开花，光照有利营养生长。甜菊种子萌发喜光，光照可促进种子萌发，提高发芽率。连续光照结合打顶，可促进分枝产生和根芽的增加。在强光下节间缩短，植株矮化，叶色深绿。高纬度地区光照条件有利营养生长延长，而温度成为限制性因子。

（三）水分

甜菊全生育期需水较多。种子发芽时土壤相对含水量不低于80%，而近地表层空气湿度要大；但土壤相对含水量超过95%时，发芽率又下降，无根苗增多，烂籽严重，幼苗在2～3对真叶前不定根尚未形成，短期干旱也可造成死苗。甜菊生长繁茂期正值高温季节，需水量很大，土壤相对含水量不得少于75%，这时供水不足则影响生长，严重干旱甚至会枯萎死亡。后期严重缺水叶片皱缩，花蕾凋萎，种子不能成熟，严重时植株死亡。

栽培甜菊目的是收叶片，现蕾时甜菊叶重和含糖甙量都已到最高峰，进入开花期叶子便大量脱落。因此，如何延长开花前的营养生长期是甜菊高产的关键。

第三节　耕作栽培技术

甜菊栽培分为育苗和大田两个阶段。

一、育苗

甜菊可用种子繁殖，也可扦插、压条或分株法育苗。

（一）种子播种育苗

甜菊种子细小，繁殖系数高，不宜大田直播，生产上多采用播种育苗。

1. 晒种去冠毛。晒种可增加种子通透性，提高发芽率。由于种子带冠毛，播种时冠毛着地，种子与地面不密接，影响种子吸水和发芽，故必须除去冠毛。方法是种子晒干后，用手搓去冠毛，然后再进行选种。

2. 选种。即除去种子中的茎、叶、花和不孕籽等杂质。方法可用自然微风吹动，也可用镊子挑选出饱满种子，或将种子放入清水中搅拌 15 分钟，经 1～2 小时，饱满籽吸水下沉后，捞出漂浮的杂质，倒出清水，取出饱籽即可。

3. 浸种催芽。甜菊种子易发芽，一般可以不催芽直接播种。但为保全苗、壮苗，播前也可将种子用 28℃温度、水或冷水浸泡 12 小时，并在 20℃催芽 2～3 天，当种子有 2％发芽露白可播种，经催芽的种子也可再用 50％代森锌 500 倍液浸 10 分钟，可预防甜菊立枯病。

4. 播种量。播种量视种子质量和育苗方法而定。1kg 纯度为 80％、饱满度为 60％的种子有效发芽约 60 万粒。塑料薄膜保护育苗每 $100m^2$ 播种 0.5kg 可育苗 10 万株以上。如果是露地播种育苗，播种量应适当增加。

5. 播种期。因各地气候条件而异。长江流域宜 10 月上旬至 11 月上旬播种；北方宜 3 月上旬播种；华南宜秋冬两季播种。适时早播能延长营养生长，有明显的增产效果。一般薄膜保护育苗可比露地育苗提早 30 天播种。

6. 苗床准备。苗床应选在向阳避风、排水便利、疏松肥沃地段。亩施 2500～3000kg 优质腐熟粗肥或饼肥 250～300kg，深耕耙平并撒施尿素 2.5kg，平整床（畦）面。床宽 1m 左右，床高 15～20cm，长度随地形而定。干旱地区可以采用平畦育苗。播前浇足底墒水，床面最好铺垫一层 1～2cm 厚过筛的熟粪土，有利于种子扎根和幼苗生长。薄膜保护育苗要备好弧形架所用的竹片或枝条和薄膜。

7. 播种与苗床管理。播种宜选无风晴天进行，将种子均匀撒在床面，而后用薄木板轻压一遍即可。如盖床面土，要以半露种子为度。然后用喷壶洒水浸透床土后拱好弧形架，盖上薄膜。如有条件在播种后至出苗前昼夜进行光照，可提高出苗率。苗床管理过程中温度和湿度是关键。温度控制在 25℃～30℃间，晴天中午薄膜内温度可达 30℃～35℃，这时应逐渐揭开苗床两端薄膜通风降温，防止烧苗。气温低于 3℃时，应在薄膜上加盖草帘保暖。苗到 2 对真叶出现前，甜菊生长缓慢，只能喷水，不能浇水施肥，以防倒苗死苗。苗期床面湿度要保证地表不干，干则喷水。为培育壮苗，在苗现两对真叶后，可以每隔 7 天喷一次 200mg/kg 的钼酸铵液，当苗有 4～5 对真叶时，可揭膜炼苗。南方和长江流域秋、冬季育苗，当翌春气温回升到 15℃时，晴天可揭去薄膜并及时浇水、拔草，适当施肥。甜菊幼苗在苗床一般经一个月的生长，有 4～5 对真叶，株高 10～15cm，便可移栽到大田。

（二）扦插育苗

甜菊插条极易生根成活。插床（畦）表层 20cm 应为疏松肥沃土壤。插床宽为 1～1.2m，床高 20～30cm。在插床上拱好弧形架，备好薄膜、芦帘。扦插时间以甜菊植株现蕾前切取的插穗成活率高。扦插适宜温度为20℃～30℃。扦插后土壤不要过于潮湿，以免插穗腐烂。插穗长度约5～6cm，每个插穗至少保留两个节。扦插深度为插穗的1/3～1/2，即一节插入土中发根，一节露在地面发新芽。为减少插穗水分蒸发，最好剪去1/3～1/2叶片。插穗也可用吲哚丁酸50～100mg/kg液浸渍2小时，而后用清水冲洗，及时扦插，或用100mg/kg萘乙酸或琥珀酸溶液浸10分钟后立即扦插，均可促进早发根，提高成活率。插穗距3～4cm，行距10cm左右。插后盖好薄膜、芦帘保湿遮阳。7天插穗发根萌发，当幼苗长到3cm时，可揭去薄膜和芦帘，进行中耕、除草、追肥等管理，直至幼苗移到大田。

二、大田耕作栽培技术

（一）整地和移栽

甜菊对土壤要求不严，但以排水良好、肥沃疏松土壤为宜。整地时每亩施腐熟的厩肥和堆肥1000～1500kg、过磷酸钙40～50kg、钾肥7.5～10kg做基肥，深翻22cm，做到“深、细、透、净、实、平”。

多年生种植区应考虑轮作和前后茬安排。带土移栽是成活关键，要求边移边浇水，不要大水漫灌，防止淤苗而造成死苗。麦茬田移栽应在下午3点钟后进行，防日晒土温过高而死苗。移栽后到成活前要勤浇水，促使幼苗尽快恢复生长。

（二）合理密植

实践证明，一年生每亩1.0万～1.2万株、二年生及多年生每亩0.8万～1.0万株的密度产叶量最高。移栽方式以大小垄双行为宜，大垄行距 60cm、小垄行距 20cm 左右，株距 15cm 左右。这样种植通风透光好，减少下部叶片干枯腐烂，便于田间管理，增强抗风能力，减少倒伏。

（三）加强田间管理

甜菊根浅不耐干旱，全生育期要求地面不落干。生长盛期，气温在 25℃～30℃，这时土壤含水量不得低于 75%。北方正值高温雨季，肥水充足，生长非常迅速，南方此时要注意防涝。甜菊追肥以氮肥为主，钾肥为辅。一般每隔半月开沟追施一次复合肥，切勿撒施，以防烧叶，每亩追 5～7.5kg。封垄后不再追肥；留种田应增施磷肥，氮、磷、钾的比例为 2∶1∶2。即每亩追氮肥 6～9kg，磷肥 3～6kg。若追腐熟人粪尿，应在定植缓苗后进行，每次每亩追 300～400kg，对水 3～4 倍，穴施。缓苗后至收割前追肥 3～4 次为宜，浓度逐渐增加。田间管理除施肥、浇水外，还应及时中耕松土、除草等。

甜菊在北方病虫害较少，在南方发现有白绢病、叶斑病、立枯病。虫害有蚜虫、卷叶虫及地下害虫等。防病可选禾本科作物为前茬，栽前 10～15 天用 50%代森锌溶液、50%托布津溶液除病。除虫可用农药或人工捕捉，如地下害虫可用 90%敌百虫制成毒饵进行防除。必须指出，甜菊叶中的甜菊甙为食用甜料，全生育期中应尽量少用农药。

（四）留种田密度

留种田密度以每亩 6000～7000 株为宜。留种田只收种子不收叶，否则影响种子的产量和质量。甜菊开花后一个月种子才成熟，花期可延续 80～100 天，此时加强管理是获得优质种子的关键。主要措施有立支架防倒伏，现蕾期除一般追肥外应增施磷肥、适时浇水、短日照诱导等。

第四节　收获

一、收获时期

由于甜菊种子是陆续成熟、种子冠毛长、易随风飘散，所以应及时分次采收。采收可用塑料薄膜制成的网袋罩于全株，在植株下部把网袋捆住，轻打植株，种子就会落在网袋里。落地种子可用镊子拾起或扫取后除杂质一并贮存。一般春播留种田每亩可收种子 5kg 左右，夏播留种田每亩可收种子 2.5kg 左右。收回的种子要及时除杂质，经晾晒后装袋，挂在通风处贮存备用。但贮存期超过一年的种子发芽率降低，播种后会造成严重缺苗。

甜菊适时收割期为现蕾期，标准是田间 1/4 株现蕾，便可收割。一年内收割次数因地而异，广东、广西等地现蕾早、收割早，再生期短，易再现蕾开花，可收割多次。留茬高度 20～30cm，茬上留叶 4～6 片。留茬低，再生能力差，越冬抗寒力差，降低越冬率。

二、干燥和脱叶

割下的茎、叶应及时晾晒，防止堆积发热变质，降低质量和产量。茎叶晒半干时可用细木棒轻击的方法脱叶，晒得过干易打碎叶片。脱下的叶继续晾晒，当叶片含水量在 12％左右即可包装贮藏。包装时最好选用塑料袋，要扎紧口、外套麻袋，以防吸湿受潮、发霉变质。